数字媒体交互设计 高级

VR/AR产品交互设计方法与案例

威凤教育 主编

U0265154

人民邮电出版社

北 京

图书在版编目（ＣＩＰ）数据

数字媒体交互设计. 高级 ：VR/AR产品交互设计方法
与案例 / 威凤教育主编. -- 北京 ：人民邮电出版社，
2021.8
ISBN 978-7-115-54992-1

Ⅰ. ①数… Ⅱ. ①威… Ⅲ. ①虚拟现实－程序设计－
职业技能－鉴定－教材 Ⅳ. ①TP3

中国版本图书馆CIP数据核字(2020)第199525号

内 容 提 要

本书针对 VR/AR 产品交互设计新人，基于 Unity，通过理论解析及案例拆解的形式，深入浅出地讲解了 VR/AR 产品交互设计的思维、方法和技巧。

本书共 16 章，系统讲解了 VR/AR 产品交互设计的基础知识、必备设备、核心工具与设计流程，包括 Unity 开发环境的搭建，VR/AR 场景的搭建，C#语法知识，脚本的工作机制及常用的函数和变量，3D 数学知识，VR/AR 中的物理系统、动画系统、UI 系统，VR/AR 产品的发布，Vuforia 插件的使用方法，基于 HTC Vive 平台的 VR 产品开发，3ds Max 建模等内容。同时，通过 AR 房地产海报和 VR 影院两个设计案例，为读者全面展示了 VR/AR 产品交互设计的过程，带领读者一步步加深对 VR/AR 产品交互设计的认知，提升设计能力。

本书内容丰富、结构清晰、语言简练、图文并茂，具有较强的实用性和参考性，不仅可作为备考数字媒体交互设计"1+X"职业技能等级证书的教材，也可作为各类院校及培训机构相关专业的辅导书。

- ♦ 主　　编　威凤教育
　　责任编辑　牟桂玲
　　责任印制　王　郁　彭志环
- ♦ 人民邮电出版社出版发行　　北京市丰台区成寿寺路 11 号
　　邮编　100164　　电子邮件　315@ptpress.com.cn
　　网址　https://www.ptpress.com.cn
　　天津市银博印刷集团有限公司印刷
- ♦ 开本：800×1000　1/16
　　印张：17.75
　　字数：487 千字　　　　　　　　　　2021 年 8 月第 1 版
　　印数：1 – 4 000 册　　　　　　　　2021 年 8 月天津第 1 次印刷

定价：89.90 元

读者服务热线：(010)81055410　印装质量热线：(010)81055316
反盗版热线：(010)81055315
广告经营许可证：京东市监广登字 20170147 号

数字媒体交互设计"1+X"证书制度系列教材编写专家指导委员会

主　任：郭功涛

副主任：吕资慧　冯　波　刘科江

"1+X"证书制度系列教材编委

张来源　陈　龙　廖荣盛　刘　彦

韦学韬　吴璟莉　陈彦许　程志宏

王丹婷　陈丽媛　魏靖如　刘　哲

本书执行主编：孟　婕

本书执笔作者：孟　婕　夏琼瑶　孙海曼　王海振　夏　磊

出版说明

在信息技术飞速发展和体验经济的大潮下，数字媒体作为人类创意与科技相结合的新兴产物，已逐渐成为产业未来发展的驱动力和不可或缺的能量。数字媒体的发展通过影响消费者行为，深刻地影响着各个领域的发展，消费业、制造业、文化体育和娱乐业、教育业等都受到来自数字媒体的强烈冲击。

数字媒体产业的迅猛发展，催生并促进了数字媒体交互设计行业的发展，而人才短缺成为数字媒体交互设计行业的发展瓶颈。据统计，目前我国数字媒体交互设计人才需求的缺口大约每年20万人。数字媒体交互设计专业的毕业生，适合就业于互联网、人工智能、电子商务、影视、金融、教育、广告、传媒、电子游戏等行业，从事网页设计、虚拟现实场景设计、产品视觉设计、产品交互设计、网络广告制作、影视动画制作、新媒体运营、3D游戏场景或界面设计等工作。

凤凰卫视传媒集团成立于1995年，于1996年3月31日启播，是亚洲500强企业，是华语媒体中最有影响力的媒体之一，以"拉近全球华人距离，向世界发出华人的声音"为宗旨，为全球华人提供高素质的华语电视节目。除卫星电视业务外，凤凰卫视传媒集团亦致力于互联网媒体业务、户外媒体业务，并在教育、文创、科技、金融投资、文旅地产等领域，进行多元化的业务布局，实现多产业的协同发展。

凤凰新联合（北京）教育科技有限公司（简称"凤凰教育"）作为凤凰卫视传媒集团旗下一员，创办于2008年，以培养全媒体精英、高端技术与管理人才为己任，从职业教育出发，积极促进中国传媒艺术与世界的沟通、融合与发展。凤凰教育近十年在数字媒体制作、设计、交互领域，联合全国逾百所高校及凤凰卫视传媒集团旗下300多家产业链上下游合作企业，培养了大量的交互设计人才，为数字媒体交互设计的普及奠定了深厚的基础。

威凤国际教育科技（北京）有限公司（简称"威凤教育"）作为凤凰教育全资子公司，凤凰卫视传媒集团旗下的国际化、专业化、职业化教育高端产品提供商，在数字媒体领域从专业人才培养、商业项目实践、资源整合转化、产业运营管理等方面进行探索并形成完善的体系。凤凰教育为教育部"1+X"证书制度试点"数字媒体交互设计职业技能等级证书"培训评价组织，授权威凤教育作为唯一数字媒体交互设计职业技能岗位资源建设、日常运营管理单位。

为深入贯彻《国家职业教育改革实施方案》（简称"职教20条"）精神，落实《关于在院校实施"学历证书＋若干职业技能等级证书"制度试点方案》的要求，威凤教育根据多年的教学实践，并紧跟国际最新数字媒体技术，自主研发了基于数字媒体交互设计"1+X"证书制度的系列教材。

本系列教材按照"1+X"职业技能等级标准和专业教学标准的要求编写而成，能满足高等院校、职业院校的广大师生及相关人员对数字媒体技术教学和职业能力提升的需求。本系列教材还将根据数字媒体技术的发展，不断修订、完善和扩充，始终保持追踪数字媒体技术最前沿的态势。为保证本系列教材内容具有较强的针对性、科学性、指导性和实践性，威凤教育专门成立了由部分高等院校的教授和学者，以及企业相关技术专家等组成的专家组，指导和参与本系列教材的内容规划、资源建设和推广培训等工作。

威凤教育希望通过不断的努力，着力推动职业院校"三教"改革，提升中职、高职、本科院校教师实施教学能力，促进校企深度融合，为国家深化职业教育改革、提高人才质量、拓展就业本领等方面做出贡献。

威凤国际教育科技（北京）有限公司

2020年9月

前言
Foreword

随着科学技术的飞速发展，数字媒体交互设计已然与大众的生活、工作紧密结合，成为一个内涵广阔的新兴产业。在信息技术的强力推动下，各公司对数字媒体交互设计人才的需求日益增加，各大教育教学机构也越来越关注数字媒体交互设计人才的培养，并开设了相应的专业和课程。目前，数字媒体交互设计的人才培养已经进入迅猛发展的阶段，这为数字媒体交互设计从业人员和教育工作者提供了机遇。基于此，本书针对VR/AR产品交互设计从业者，详细地讲解了VR/AR产品交互设计的思维、方法和技巧，旨在帮助读者由浅入深地了解从事VR/AR产品交互设计工作所需掌握的基本技能，快速提高职业素养。

本书内容

本书共16章，各章的具体内容如下。

第1章为"VR/AR产品交互设计入门"，主要讲解了VR/AR产品的设计流程、设计工具和使用设备，以及VR/AR技术的典型应用，帮助读者对VR/AR产品交互设计有一个初步的认识。

第2章为"Unity基础知识"，主要讲解了Unity的基本窗口、操作常识以及常用组件的功能和使用方法，为后续使用Unity进行VR/AR产品的开发奠定基础。

第3章为"VR/AR场景搭建"，主要讲解了场景文件的保存与使用方法，并通过案例展示了在Unity中如何搭建VR/AR产品的场景。

第4章为"VR/AR产品开发的核心语法"，基于Visual Studio，讲解在Unity开发环境下，利用C#语言实现VR/AR功能的方法。

第5章为"VR/AR产品中脚本的工作机制及常用的函数和变量"，主要讲解了面向过程和面向对象的编程思想，Unity中生命周期函数、变量和函数的用法，以及常见的脚本错误和调试方法。

第6章为"VR/AR产品中的3D数学"，主要讲解了在VR/AR产品开发过程中创作者必备的3D数学知识，如笛卡儿坐标系、世界坐标系、局部坐标系、Vector对象、向量和三角函数等。

第7章为"VR/AR产品中的物理系统"，主要讲解了应用Unity中的物理系统，控制物体对象的位移、检测物体对象之间的碰撞和触发的方法。

第8章为"VR/AR产品中的动画系统"，主要讲解了如何使用Unity中的Mecanim动画系统的动画状态机和混合树实现VR/AR产品中的动画功能。

第9章为"VR/AR产品中的UI系统"，主要讲解了如何使用Unity中的UI系统进行VR/AR产品的界面设计。

第10章为"VR/AR产品的发布"，主要讲解了在Windows、Mac、Android、iOS平

台发布VR/AR产品的方法。

第11章为"Unity AR交互设计工具"，主要讲解了如何使用Vuforia插件实现AR产品的交互功能。

第12章为"VR产品开发的设备和工具"，主要讲解了基于HTC Vive和SteamVR开发VR产品的方法。

第13章为"AR房地产海报设计案例"，通过一个AR房地产海报的设计案例，全流程展示AR产品交互设计的过程和方法。

第14章为"VR/AR营销案例"，通过拆解支付宝集五福和贝壳找房背后的营销逻辑，帮助读者领会如何运用VR/AR技术助力产品营销。

第15章为"VR影院设计案例"，通过一个VR影院的设计案例，全流程展示VR产品交互设计的过程和方法。

第16章为"使用3ds Max制作VR/AR产品中的模型"，主要讲解如何利用3ds Max自定义制作模型。

第15章和第16章属于拓展知识，其内容在本书的配套教学资源中以PDF文件的形式提供，有时间和精力的读者可选学此部分内容。

本书特色

1. 内容丰富，理论与实操并重

本书内容由浅入深，先理论后实操，整体节奏循序渐进，通过理论解析＋案例拆解的模式，帮助读者快速地了解、熟悉、掌握VR/AR产品交互设计的相关知识、设计工具、设计流程和设计方法。

2. 章节随测，同步集训

每章最后都附有同步强化模拟题，方便读者随时检测学习效果，查漏补缺。

读者收获

学习完本书后，读者可以熟练掌握VR/AR产品交互设计的思维、方法及技巧，进一步提升VR/AR产品开发技能。

本书在撰写过程中难免存在错漏之处，希望广大读者批评指正。本书责任编辑的电子邮箱为muguiling@ptpress.com.cn。

编　者

目录
Contents

第 **1** 章

VR/AR产品交互设计入门

虚拟现实（Virtual Reality，VR）是20世纪发明的一项全新的实用技术，它是通过计算机模拟创建出一个三维空间的虚拟世界，为用户提供感官的虚拟环境，使用户具有一种身临其境的沉浸感。增强现实（Augmented Reality，AR）是一种将虚拟信息与真实世界进行巧妙融合的技术，在交互设计中被广泛使用。VR/AR产品是满足用户特定需求的基于虚拟现实和增强现实的功能或服务。

本章通过对VR/AR产品的设计流程、制作工具及使用设备的介绍，使读者对VR/AR产品设计有一个初步的认识，为后续学习奠定基础。

1.1 认识VR/AR产品

VR/AR产品包括硬件设备和虚拟产品，这里主要从硬件设备的角度对VR/AR产品进行分类。随着社会生产力和科学技术的不断发展，VR/AR技术也取得了巨大进步，VR/AR产品也在不断丰富和完善，未来可能会有更多的产品问世，这里只列出目前比较受欢迎的VR/AR产品及类型。

1. VR/AR产品的类型

VR产品形式大多趋同，都是覆盖头部或者眼睛，带有耳机和控制器的头戴显示设备（以下简称头显）。VR头显又分为桌面型和移动型。桌面型VR头显需要连接计算机或游戏机等外接设备，如HTC Vive等；移动型VR头显只需要借助类似智能手机的移动设备就可以获得VR体验，如Google Gardboard、VR一体机等。

AR产品分为移动设备、AR头显和AR眼镜等类型。移动设备属于入门级的AR产品，内容提供商通过AR应用程序为用户提供基本的AR体验，例如精灵宝可梦Go，用户就是通过智能手机在虚拟世界中发现精灵，并进行捕捉和战斗。

AR头显相比移动设备，可为用户提供更加身临其境的用户体验，并且显示效果不受屏幕大小的限制。大多数AR头显都有头戴式的外形，且前面有半透明的观察镜。例如AR眼镜Meta 2，将其连接到配置较高的计算机后，佩戴者可以看到清晰的数字影像。

AR眼镜的体验形式与AR头显类似，但是相比AR头显，它更加轻便，未来可能是最佳的AR体验方式。例如谷歌眼镜，用户可以通过滑动侧面的触控板来浏览眼前显示的内容。

2. VR/AR技术的应用

目前VR/AR技术在很多行业都有所应用，包括艺术、教育、工商、娱乐、出版、房地产、电子商务等行业。例如在教育行业，教师可以通过谷歌实境教学应用——Google Expeditions（谷歌探险）带领学生参观、考察一些标志性建筑或历史遗迹。在电子商务行业，AR试衣可以使衣服与消费者的真实图像相结合，让消费者不用换衣就能看到穿上想要购买衣服的效果，从而更加从容地做出购买决定。在房地产行业，利用AR技术，将虚拟与现实相结合，让消费者足不出户就可以看到楼盘的真实场景，还可以查看户型细节以及房间的装潢设计、家私布置、光线等效果，真正做到身临其境看房。

3. VR/AR产品的设计原则

以人为本是VR/AR产品设计的基本原则。在VR/AR产品设计的过程中，除了遵循基本的设计原则外，还需注意以下5个设计要点。

● 局限。VR/AR产品局限于目标用户、硬件、使用环境和技术等方面。这些局限性从根本上决定了VR/AR产品的人机交互模式和最终形态。

● 三维空间和模型的规格。三维空间是封闭的还是无边界的，模型的规格以及在环境中的具体比例等，这些都会影响用户的最终使用体验。

● 互动模式。这里的互动包括用户与环境的互动、用户与产品界面的互动。

● 空间音效。场景空间的音效，可以提升产品的沉浸感，引导用户的注意力。

● 健康与安全。VR/AR产品在设计过程中需要遵循以人为本的原则，应根据多数目标用户的身体条件提出最符合人体工学原理的设计方案。

1.2 VR/AR产品的设计流程

一个VR/AR产品的设计流程通常包含8个环节，分别是产品定义、交互流程设计、美术设计、三维场景和角色的设计、动效设计、音效设计、产品开发、测试和优化，下面对这8个环节的关键点进行讲解。

1. 产品定义

在VR/AR产品设计项目开始前，需要进行产品定义。VR/AR产品定义是指确定VR/AR产品需要做哪些事情，针对产品制定完整的结构规划和功能设计，最终通过 VR/AR产品需求文档（Product Requirement Document, PRD）进行描述。从广义角度来看，产品定义是打造产品过程中的一系列的决策；从狭义角度来看，产品定义是关于产品做成什么样子的一系列文档。

需求文档一般包括产品的愿景、目标市场、竞品分析、实现功能，功能背后的逻辑，产品中的场景规划，系统需求，性能需求等。

2. 交互流程设计

交互流程设计是根据VR/AR产品需求文档绘制交互设计流程图，用直观的方式描述工作过程的具体步骤。流程图可以将工作中复杂的、有问题的、多余的、标准化的环节显示出来。将复杂的流程简单化是梳理复杂关系的有效手段，流程图可以帮助设计师把一个复杂的过程直观地展示出来，大大地提高工作和沟通效率。

3. 美术设计

美术设计是VR/AR产品设计流程中的重要环节，设计师需要根据VR/AR产品的需求文档进行原画设计和用户界面（User Interface，UI）设计。美术设计能够为后续的美术制作（模型、特效等）提供标准和依据。

原画设计主要包括VR/AR产品中的角色设计和场景设计。角色设计需要设计师了解角色的个性，抽象出对角色的身体特征的视觉理解，然后做出详细的三视图和道具剖析图，并且把色彩、材质标注清楚。

场景设计包括围绕在角色周围，与角色有关系的所有景物的设计。场景设计中常用的设计图有场景效果图、场景平面图、立面图、场景细部图、场景结构鸟瞰图。场景设计的作用如下。

- 交代时空关系。
- 营造情绪氛围。
- 刻画角色。
- 与角色结合在一起，成为角色动作的支点。
- 通过造型传达深化主题的含义。

UI设计是指对应用的人机交互、操作逻辑、界面美观度的整体设计。在VR/AR产品设计中，UI设计指VR/AR产品界面的图标设计、视觉设计、交互动效设计、原型图设计等。好的UI设计操作舒适、简单，充分体现应用的定位和特点，可以让应用变得有个性、有品位。

4．三维场景和角色的设计

VR/AR产品中少不了三维的场景和角色，设计师基于美术设计稿通过专业的3D设计工具输出3D资源。三维的场景和角色很直观，能给用户以身临其境的感觉。

5．动效设计

VR/AR产品的静态效果制作完毕后，就可以制作VR/AR产品的动态效果。动态效果设计（以下简称动效设计）在VR/AR产品的设计中经常可见。对于VR/AR产品，动效设计可以起到表达层级关系、引导用户操作、提升VR/AR产品易用性，以及为VR/AR产品注入活力的作用；对于用户，动效设计的主要作用有减少用户的认知成本，增强代入感，提升与VR/AR产品的互动性以及降低用户的不适感等。

6．音效设计

听觉是人体感官中重要的组成部分，也是VR/AR产品的用户体验设计中的一个方面，但是有时很容易被忽略。在VR/AR产品设计中，恰当地使用音效可以强化用户的感官体验。从用户体验角度，音效设计应该符合用户预期，准确表达意义和情绪，带给用户良好的感官体验。

7．产品开发

在VR/AR产品开发阶段，需要根据VR/AR产品的特点确定开发工具、配置管理工具。首先在管理工具中列出明确的任务目标、时间节点和负责人，有计划地推进项目的执行。然后按照计划借助开发工具实现VR/AR产品的具体功能。例如，实现三维角色的碰撞功能，避免三维角色穿过模型（以下简称穿模）；实现多个场景的切换功能，让三维角色能够从当前场景进入到另一个场景中；实现用户与VR/AR产品的互动功能，如利用操控手柄拾取物体，然后抛出物体等。

8．测试和优化

VR/AR产品制作完成后需要进行错误排查，优化和解决产品问题点，提升用户体验。VR/AR产品只有经过测试，才能发现其中不可预见的问题，从而消除潜在的设计错误。测试工作贯穿VR/AR产品设计的整个阶段，问题发现越早，调整工作做得就越少。

1.3 VR/AR产品的设计工具及使用设备

从VR/AR产品的设计流程中可以看出，在设计项目真正进入开发环节之前，所需要做的工作是庞杂的，然而这些工作对最终产出的结果起着至关重要的作用。使用合适的工具，可使工作事半功倍。本节将对VR/AR产品的常用设计工具及使用设备进行介绍，以便创作者能够根据不同的工作内容选择合适的工具，从而使工作更为得心应手。

1.3.1 2D 设计工具

VR/AR产品中需要用到很多图片素材，有些素材可以通过Unity商店和相关的素材网站下载获取，但是对于一些定制的素材就需要使用2D设计工具来自行制作。常用的2D设计工具有Adobe Photoshop和Adobe Illustrator。

1．Adobe Photoshop

Adobe Photoshop（以下简称PS）是由Adobe公司开发的一款图像处理软件，主要用于处理位图，即以像素构成的图像。使用PS可以对图像进行编辑、合成、调色等处理。

在VR/AR产品设计中，创作者常使用PS制作模型贴图和UI图标等素材。

2．Adobe Illustrator

Adobe Illustrator（以下简称Ai）是一款工业标准矢量图形处理软件，主要用于制作适用于印刷、Web交互、视频和移动设备的徽标、图标、草图以及复杂的插画等。

在VR/AR产品设计中，Ai多被用于制作UI图标等素材。

1.3.2 3D 设计工具

VR/AR 产品中，除了二维的图像外，三维的模型也是必不可少的，利用 3D 设计工具创作者可以不受素材的限制而制作出 VR/AR 产品所需的模型。在 VR/AR 产品设计过程中，常用的 3D 设计工具有 3ds Max 和 Cinema 4D。

1. 3ds Max

3ds Max 是 Autodesk 公司开发的一款三维动画渲染和制作软件，它具有非常强大的角色动画制作能力，被广泛应用于三维动画、游戏等领域，在建筑设计、室内设计方面的表现也尤为突出。创作者可以使用 3ds Max 软件制作或修改 VR/AR 产品的三维模型。

2. Cinema 4D

Cinema 4D 字面意思是 4D 电影，不过其本身是 3D 的表现软件，由德国的 Maxon Computer 开发。Cinema 4D 软件具有极快的运算速度和强大的渲染能力，被广泛应用于广告、电影、工业设计、电商设计等行业。

与 3ds Max 相比，Cinema 4D 的操作界面简洁，使用者比较容易上手；对计算机的配置要求相对较低；保留着图层的概念，更加适合 UI 设计的输出。在 VR/AR 产品设计中，Cinema 4D 常用于三维模型的制作。

1.3.3 制作引擎

VR/AR 产品可以通过 Unity 引擎来制作。在 2D 设计工具和 3D 设计工具中制作的素材最终都会导入 Unity，用于完善 VR/AR 产品。

Unity 是由 Unity Technologies 公司开发的一款实时 3D 互动内容创作和运营的平台。使用 Unity 进行创作的内容涉及工程、建筑、施工、汽车、运输、制造及游戏等领域。相比其他制作引擎，Unity 具有如下优势。

（1）学习及开发成本低。

（2）支持跨平台发布，具有一次开发、多平台发布的特点。

（3）既能用于制作 2D 产品，也能用于制作 3D 产品。

（4）所见即所得，制作过程中可以随时查看产品效果。

（5）良好的生态圈。通过 Unity 商店，创作者可以购买、使用他人的插件、素材等，也可以将制作好的插件、素材等发布到 Unity 商店中进行售卖。

创作者在制作VR/AR产品时，大部分的工作需要在Unity中完成。

1.3.4 常用的 AR SDK

在使用Unity制作AR产品的过程中，还需要使用一些软件开发工具包（Software Development Kit，SDK）才能实现产品中的AR功能。目前主流的AR SDK有Vuforia、ARKit、EasyAR等。

1. Vuforia

Vuforia是一个用于创建AR应用程序的软件平台。Vuforia除了提供常见的扫描图片功能外，还支持圆柱体识别、立方体识别、文字识别、实物识别等功能。Vuforia的免费版上有水印，但是不影响个人学习和使用。

Vuforia的优点是稳定性和兼容性比较高，使用者容易上手。但是它是一个英文产品，要求使用者具有一定的英文水平。

Vuforia支持的平台有iOS、Android和Windows 10中的Universal Windows Platform（Windows 通用应用平台）。

2. EasyAR

EasyAR是一款免费的AR开发平台，具有简洁的应用程序接口（Application Programming Interface，API）设计，能完全支持Unity。EasyAR具有平面图像跟踪、3D物体跟踪与识别、多目标跟踪与识别、云识别支持、H.264硬解码、录屏等功能，这些功能都是在AR产品中被广泛运用的。

EasyAR支持的平台有Windows、Mac OS、Android和iOS等。

3. ARKit

ARKit是苹果公司在2017年的全球开发者大会上推出的AR开发平台。苹果公司官方对ARKit的描述为：通过整合设备摄像头图像信息与设备运动传感器信息，在应用中提供AR体验的开发套件。对开发人员而言，更通俗的理解为ARKit是一种用于开发AR应用的SDK。开发人员可以使用该工具在iPhone和iPad上创建AR应用程序。

ARKit具备的功能有特征点检测、平面检测、人脸检测跟踪、射线检测、人体动作捕捉、多人协作、3D音效等。

1.3.5 常用的 VR SDK

在使用Unity制作VR产品的过程中，需要使用VR SDK才能实现产品的VR功能。目前主流的VR SDK有Steam VR Plugin和Vive Input Utility。

1. SteamVR Plugin

SteamVR Plugin是Valve公司提供的一套用于实现VR产品功能的SDK，通过调用SDK的API，创作者可以在HTC Vive、Oculus或Daydream VR等设备上观看VR产品的画面，并与VR产品进行交互。

2. Vive Input Utility

Vive Input Utility是由HTC公司推出的一款用于实现VR产品交互功能的SDK。它可以兼容SteamVR Plugin，常用于实现诸如控制物体对象的拾取、移动，或者单击UI按钮触发相应事件等交互功能。

1.3.6 VR 设备介绍

随着VR技术的发展，目前已有不少厂商推出了VR设备，利用这些VR设备，用户可以体验VR产品，获得更为良好的用户体验。

目前，常用的VR设备是Google Gardboard和HTC Vive。本书主要使用HTC Vive来体验VR产品。这里只是进行简单的介绍，让读者对VR设备有一个简单的认识。

1. Google Gardboard

Google Cardboard是一个简易的虚拟现实装置。利用纸板、双凸透镜、磁石、魔力贴、橡皮筋以及NFC贴等部件，按照组装说明，几分钟内就可以组装出一个看起来非常简单的头戴式VR设备，与智能手机配合，用户就可以感受虚拟现实的魅力。

2. HTC Vive

HTC Vive是由HTC与Valve公司联合开发的一款VR头显。由于采用了先进的影音和动作捕捉技术，用户戴上后，能够沉浸在HTC Vive设备模拟的虚拟世界中。

1.4 VR/AR技术应用的典型案例

目前，VR/AR技术已经应用到多个领域，如零售、建筑、旅游、教育、医疗保健、导航系统等。未来，VR/AR技术还将在更多领域发挥作用，为更多的行业发展助力。下面我们就来看看典型行业中是如何将VR/AR技术应用到用户体验中的。

1.4.1 AR 技术的典型应用

1. 宜家AR购物应用

通过宜家的IKEA Place，消费者可以在购物前，把与真实商品同规格的产品放在指定位置，从而达到预先体验产品匹配度的目的，如图1-1所示。

2. 宋城AR导览

宋城导览App是AR技术在旅游业中的应用，其界面如图1- 2所示。2018年宋城引入AR导览，在传统的通过语音和地图引导的基础上升级使用AR进行直观引路和趣味互动。在应用中，"小青"等虚拟形象作为"导游"，不仅可以用语音向游客介绍景区，播报景区线下大型表演等信息，还可以与游客进行AR合影摆拍。AR导览显著提升了游客的游览体验和景区的服务水平。

图1-1

图1-2

1.4.2 VR 技术的典型应用

1. Dior Eyes身临其境时装秀

Dior Eyes是法国Dior公司推出的一款虚拟现实穿戴设备（见图1-3）。通过这个设备，用户可以身临其境地去时装秀后台看看造型师如何化妆，而模特们在登上T台之前又在做什么。

图1-3

2. 可口可乐VR雪橇之旅

2015年的圣诞，可口可乐公司使用Oculus Rift虚拟现实头盔在波兰创造了一场华丽的虚拟雪橇旅程。在这次虚拟雪橇旅程体验中，体验者可以在虚拟的世界里扮演一天的圣诞老人，并且可以驾驶雪橇车拜访波兰的各个村庄，如图1-4所示。

3. 万豪VR旅游体验

VRoom Service是万豪酒店的一个虚拟现实项目，客人可以佩戴VR设备，在客房内就可以欣赏安第斯山脉、卢旺达等地的风景，享受"在客房内环游全球"的体验。

这不是万豪酒店首次涉足虚拟现实领域，在此之前其与英国制作视觉特效的公司Framestore联合推出了虚拟现实旅游概念服务"旅行传送点(Teleporter)"，如图1-5所示，通过Oculus Rift DK2虚拟现实头盔用户可以获得4D感官体验。用户只需进入旅行传送点，戴上设备，就会被"传送"到实际上不曾前往的地方。

图1-4   图1-5

1.5 同步强化模拟题

一、单选题

1. AR/VR产品可以通过（　　）引擎来制作。

A. MAC　　　　　　B. iOS　　　　　　C. Android　　　　　　D. Unity

2. 目前，主流的（　　）有SteamVR Plugin和Vive Input Utility。

A. 眼镜　　　　　　B. 头显　　　　　　C. AR SDK　　　　　　D. VR SDK

3. （　　）主要包括VR/AR产品中的角色设计和场景设计。

A. 原型设计　　　　B. 原画设计　　　　C. 原创设计　　　　　D. 视觉设计

二、多选题

1. 目前主流的AR SDK有（　　）等。

A. Vuforia　　　　　B. VRTK　　　　　C. ARKit　　　　　　D. EasyAR

2. 一个VR/AR产品的设计流程通常包含（　　）、音效设计、产品开发，以及测试和优化等环节。

A. 产品定义　　　　B. 交互流程设计　　　　C. 美术设计

D. 三维场景和角色设计　　　E. 动效设计

三、判断题

1. 需求文档是关于产品做成什么样子的一系列文档。（　　）

2. 在VR/AR产品设计中，常用的3D设计工具有Adobe Photoshop和Adobe Illustrator。（　　）

第 **2** 章

Unity基础知识

Unity可以为游戏、汽车、影视动画、建筑、工程等领域的创作者提供强大且易上手的设计工具，用于创作、运营和变现3D、2D、AR、VR等可视化场景。在使用Unity软件进行VR/AR产品设计之前，创作者需要先下载并安装Unity，了解Unity中一些基本窗口、操作常识和常用组件的使用方法。

2.1 下载和安装Unity

在安装Unity之前，需要在Unity官网下载并安装Unity的客户端Unity Hub。进入Unity的官网，在官网首页的底部单击"所有版本"超链接，如图2-1所示。

图2-1

进入Unity的版本选择界面，单击想要安装的版本右侧的"下载Unity Hub"按钮，如图2-2所示。

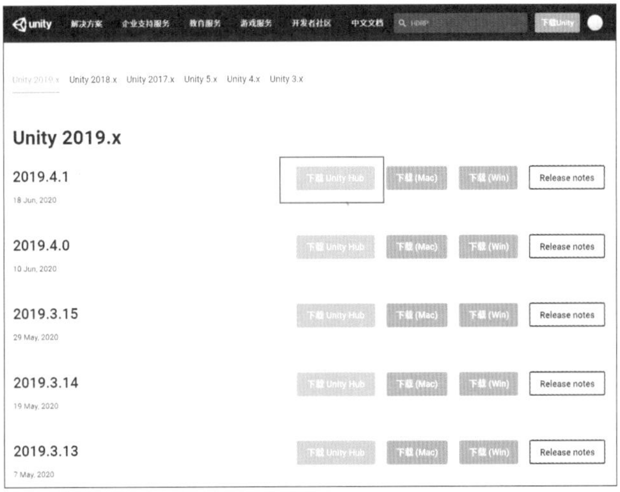

图2-2

根据操作提示下载并安装好Unity Hub后，打开Unity Hub，单击"安装"按钮，进入Unity的安装界面，单击"安装"选项卡，再单击"安装"按钮，如图2-3所示。

图2-3

在弹出的"添加Unity版本"对话框中选择想要安装的版本，推荐选择最新的版本。单击"下一步"按钮，Unity Hub便会自动下载并安装Unity，如图2-4所示。

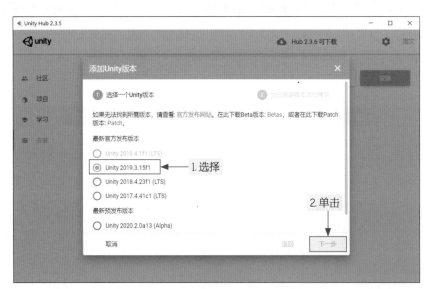

图2-4

提示 作者在编写本书的过程中，使用的是Unity2019.4.1f1(LTS)版本，由于作者的计算机中已经安装了该版本的Unity，所以在图2-4所示的对话框中无法选择该版本。读者在操作过程中，可根据实际情况选择合适的Unity版本。

Unity自动安装完毕后，进入Unity Hub的项目界面，单击"新建"按钮，如图2-5所示，进入Unity工程文件的设置界面。

图2-5

在工程文件的设置界面中，需要先设置工程文件的类型，可供选择的类型有2D和3D两种。在进行VR/AR设计时，通常会选择将工程文件设置为3D类型。选择好工程文件的类型后，还需要对工程文件的名称和存储路径进行设置，设置完毕后单击"创建"按钮，如图2-6所示，即可新建一个工程文件。

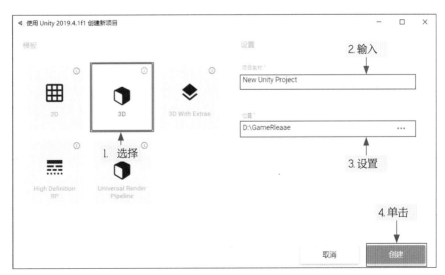

图2-6

工程文件创建完毕后的效果如图2-7所示，此为3D类型的工程文件，显示的是具有一定深度的画面，并且画面中有一个类似天空的背景。

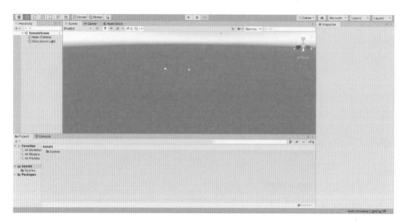

图2-7

若在图2-6所示的界面中选择创建2D类型的工程文件，则其效果如图2-8所示，此时Unity显示的画面是没有深度的，只显示一个平面画面并且画面的背景色为灰色。

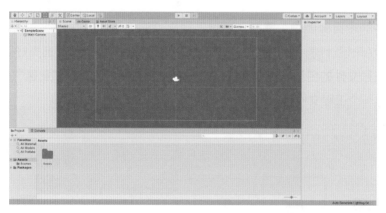

图2-8

2.2 Unity的基本窗口

VR/AR的创作工作往往是在Unity的不同窗口中展开的。例如，在Project窗口中存储VR/AR创作所需要的素材，在Scene窗口中搭建VR/AR场景，在Game窗口中预览VR/AR功能的实际运行效果。下面对这些窗口的功能进行详细的讲解。

2.2.1 Project 窗口

Project窗口的功能是存储VR/AR创作中用到的模型、UI图标、背景音乐（Background Music，BGM）等素材。创作者从Unity商店中下载的素材也都会显示在Project窗口中。

进入Unity工程文件后，在菜单栏中选择"Window"→"Asset Store"命令，或者按快捷键"Ctrl"＋"9"，即可打开Unity商店，如图2-9所示。

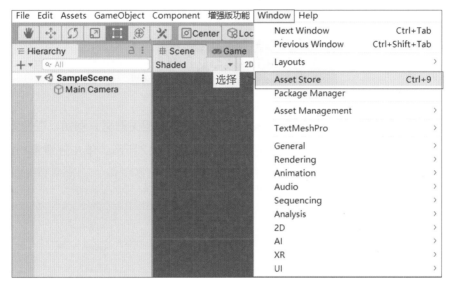

图2-9

默认状态下Unity商店的显示模式为窗口模式，如图2-10所示。

图2-10

在窗口模式下浏览Unity商店中的素材并不是很方便。此时，可以在"Asset Store"标签上单击鼠标右键，在弹出的菜单中选择"Maximize"命令，如图2-11所示，将Unity商店以最大化的模式进行显示。

图2-11

在Unity 商店的搜索框中输入素材的关键词，即可搜索相关素材。例如，在搜索框中输入"unitychan"，按"Enter"键确认搜索，搜索结果如图2-12所示。单击任意素材的预览图，即可进入该素材的详情窗口。

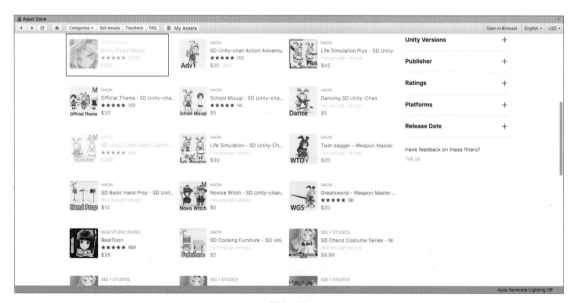

图2-12

在素材的详情窗口，单击"Download"按钮下载素材后，"Download"按钮会变成"Import"按钮，如图2-13所示。此时只需单击"Import"按钮，即可将素材导入当前打开的工程文件的Project窗口。

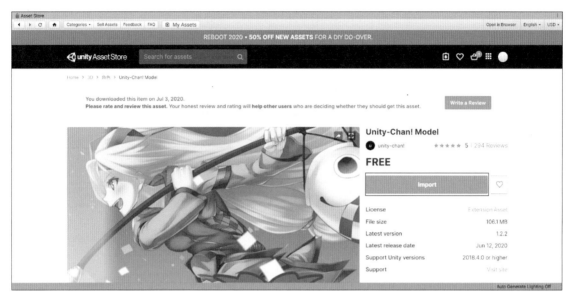

图2-13

2.2.2 Scene 窗口

Scene窗口的功能是用于搭建VR/AR场景。通常情况下，VR/AR产品的创作都是从搭建场景开始的，创作者可以向Scene窗口中添加各种素材来丰富场景。如果创作者想在场景中使用某素材，需要先从Project窗口中将该素材拖曳到Scene窗口中，如图2-14所示。

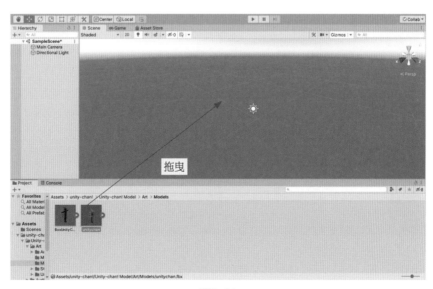

图2-14

将素材拖曳到Scene窗口后，可以使用平移工具 👋、变换工具 ✥、旋转角度工具 🔄、缩放工具 ▢，或者使用"Q"键、"W"键、"E"键、"R"键，对画面显示的位置，以及素材在场景中的位置、旋转角度、缩放倍数等进行调整。其中平移工具作用的对象为Scene窗口中显示的画面，而变换工具、旋转角度工具和缩放工具作用的对象为Scene窗口中显示的素材。

在选择平移工具后，鼠标指针会变为手掌的形状，如图2-15所示。此时创作者按住鼠标左键并拖曳鼠标指针，可以在不同的位置浏览场景。如果在拖动鼠标指针的过程中按住了"Alt"键，则可以调整浏览的角度。

图2-15

选中Scene窗口中显示的素材后，再对变换工具、旋转角度工具和缩放工具进行选择，此时Unity会根据创作者具体选择的工具在素材上显示不同的图标。通过拖曳这些图标可以分别控制素材在场景中的位置、旋转角度和缩放倍数，如图2-16 ~图2-18所示。

图2-16

拖动曲线图标，调整素材的旋转角度

图2-17

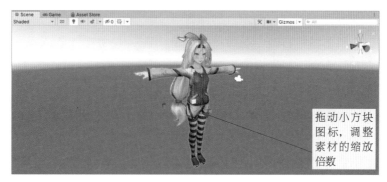

拖动小方块图标，调整素材的缩放倍数

图2-18

2.2.3 Game 窗口

Game窗口的功能是显示VR/AR功能的实际运行效果。当创作者需要测试VR/AR功能的实际运行效果时，可以通过单击Unity窗口中的"运行"按钮▶运行VR/AR的功能，此时显示画面会自动地切换到Game窗口，创作者可在该窗口查看VR/AR功能的实际运行效果，收集更多有效的信息，以此来完善VR/AR功能，如图2-19所示。

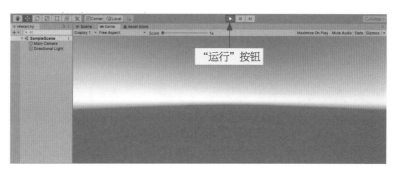

"运行"按钮

图2-19

2.3 Unity的操作常识

通常情况下，VR/AR产品创作需要多人进行配合，为了方便开发团队成员之间的沟通交流，初学者需要掌握一些VR/AR产品创作的基础常识，本节将对这些操作常识进行详细的讲解。

2.3.1 基本的物体对象

在VR/AR产品的创作过程中，经常需要使用一些结构简单的物体对象来测试新功能，为此Unity提供了几种用于测试新功能的物体对象。创作者可在Hierarchy窗口中单击鼠标右键，在弹出的菜单中选择"3D Object"命令，在弹出的子菜单中选择不同类型的物体对象。其中较为常用的物体对象有Cube（立方体）、Sphere（球体）、Capsule（胶囊体）、Cylinder（圆柱体）、Plane（平面）。例如，若要创建胶囊体物体对象，可选择"3D Object"→"Capsule"命令，如图2-20所示。

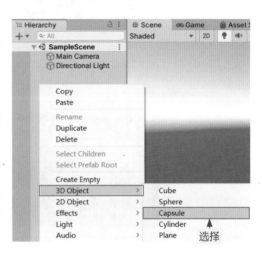

图2-20

创建效果如图2-21所示。

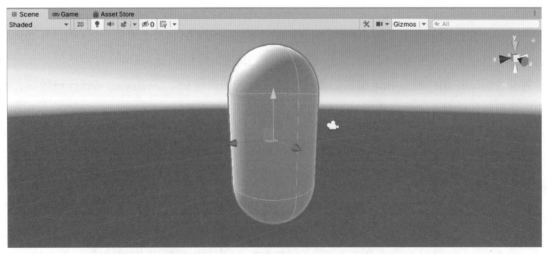

图2-21

在理解了如何创建基础的物体对象后，接下来学习物体对象这个概念。Unity会把在Scene窗口中出现的每一个物体，如房子、人物模型、汽车模型等都称作物体对象，并且这些物体对象的名称会显示在Hierarchy窗口中。当创作者选中物体对象并按下"F2"键时，可以对这些物体对象的名称进行修改，如图2-22所示。

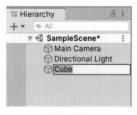

图2-22

这些物体对象都有自己的功能，而这些功能的来源是Unity中的组件。创作者在Scene或Hierarchy窗口中选中物体对象或物体对象的名称后，在Inspector窗口中会显示该物体对象上各组件的参数面板。一个组件代表一项功能，创作者需要在参数面板中通过修改不同组件的属性，将这些功能有序地结合在一起，以此实现VR/AR产品中的某项功能。例如，要在场景中显示一个物体对象——立方体，就需要在Inspector窗口中对Transform组件、Cube（Mesh Filter）组件和Mesh Renderer组件的属性进行设置，如图2-23所示。每个组件负责实现显示立方体这项功能中的一个子功能。

● Transform组件：用于设置立方体在场景中的位置、旋转角度和缩放倍数。

● Cube（Mesh Filter）组件：用于存储立方体的外观轮廓的渲染数据，为立方体在场景中的渲染提供相应的支持。

● Mesh Renderer组件：根据Transform组件设置的位置，以及Cube（Mesh Filter）组件中存储的渲染数据，在场景中渲染立方体。

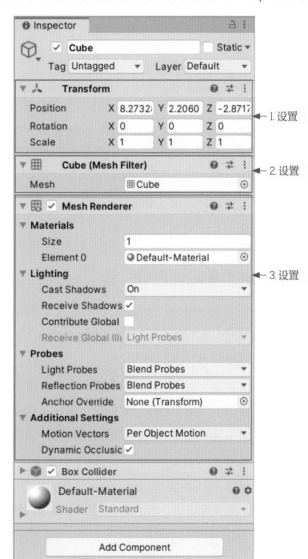

图2-23

23

立方体在场景中的显示效果如图2-24所示。

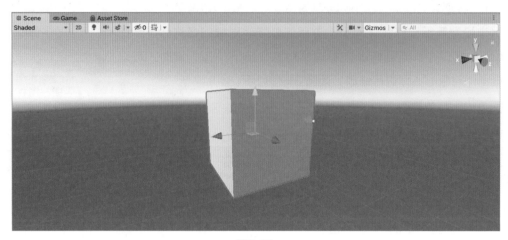

图2-24

在物体对象的Inspector窗口中，创作者可以采用单击"Add Component"按钮（参考图2-23），在弹出的搜索框中输入组件的名称来搜索组件的方式，为物体对象添加更多的功能，如图2-25所示。更多的常用组件会在2.4小节中进行详细讲解。

2.3.2 物体对象的父子关系

随着开发进度的推进，Scene窗口中显示的物体对象会越来越多，在Hierarchy窗口中显示的物体对象的名称也会越来越多，想要在Hierarchy窗口中快速找到指定的物体对象会越来越困难。为此，创作者可以在Hierarchy窗口中将某个物体对象拖曳到另一个物体对象上，通过建立物体对象之间的父子关系对物体对象进行管理。

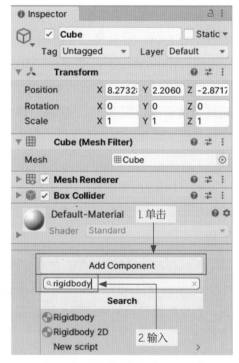

图2-25

例如，选择Sphere物体对象，并将其拖曳到Cube物体对象上。拖曳完毕后，就建立了Sphere物体对象和Cube物体对象之间的父子关系，其中Cube物体对象为父对象，Sphere物体对象为子对象，并且在Cube物体对象的左侧会新增一个下拉按钮 ▼，如图2-26所示。通过单击下拉按钮，创作者可以控制子物体对象（Sphere 物体对象）名称的显示或隐藏。

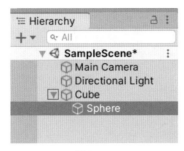

图2-26

　　两个物体对象在建立起父子关系后，如果使用变换工具、旋转角度工具或缩放工具改变父对象在场景中的位置、旋转角度和缩放倍数时，子对象在场景中的位置、旋转角度和缩放倍数会受父对象的影响而一同进行改变。

2.3.3 VR/AR 素材资源的导入和导出

　　除了从 Unity 商店中下载并导入 VR/AR 产品开发需要的素材外，还可以将本地素材导入当前的工程文件。方法：在 Project 窗口中单击鼠标右键，在弹出的菜单中选择"Import New Asset"命令，如图2-27所示；在打开的"Import New Asset"对话框中，找到并选中素材后，单击"Import"按钮，即可将其导入当前的工程文件，如图2-28所示。

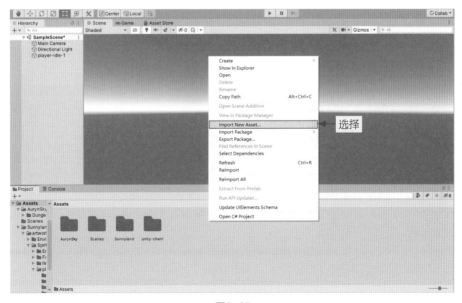

图2-27

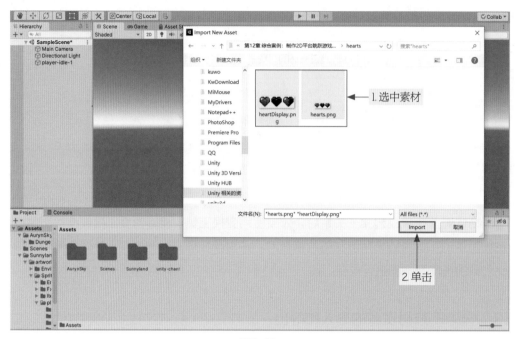

图2-28

创作者还可以直接打开素材所在的存储路径，采用选中素材并将其拖曳到Project窗口中的方式，将本地素材导入当前的工程文件，如图2-29所示。

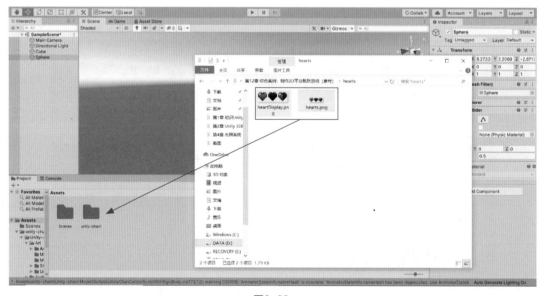

图2-29

在VR/AR产品的创作过程中，为了方便素材在团队中的共享，创作者通常会把Project窗口中存储的素材导出为素材包，然而将该素材包分享给团队的成员。其他成员拿到素材包后，在工程文件运行的状态下双击素材包，即可将素材包中存储的素材导入当前的工程文件，详细的操作过程如下。

（1）在Project窗口中选中需要导出为素材包的素材，单击鼠标右键，在弹出的菜单中选择"Export Package"命令，如图2-30所示。

（2）在弹出的"Exporting package"对话框中单击"Export"按钮，确认需要导出的素材，如图2-31所示。

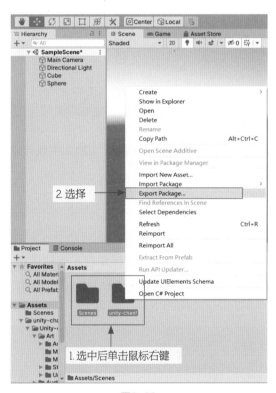

图2-30

图2-31

（3）在弹出的对话框中选择素材包的存储路径，设置素材包的存储名称，单击"保存"按钮，如图2-32所示。

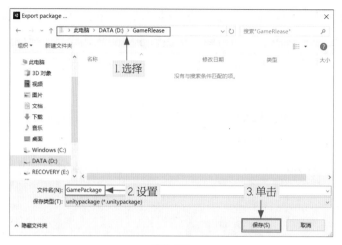

图2-32

2.4 Unity的常用组件

组件是Unity中实现VR/AR产品功能的一个基本单位。为了确保读者能够实现本书后续案例中的VR/AR功能，本节将介绍VR/AR创作过程中常用的5种组件。

2.4.1 Transform 组件

通过Transform（变换）组件可以设置物体对象在场景中的位置、旋转角度和缩放倍数。场景中的每个物体对象都会默认添加一个Transform组件。Transform组件在Inspector窗口中的属性设置示例如图2-33所示。

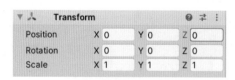

图2-33

Transform组件常用的属性的功能如下。

- Position：用于设置物体对象的位置。
- Rotation：用于设置物体对象的旋转角度。
- Scale：用于设置物体对象的缩放比例。

2.4.2 Rigidbody 组件

Rigidbody（刚体）组件的功能是让物体对象具有力的物理特性。例如，创作者在为物体对象添加刚体组件并在Unity窗口中单击▶按钮，运行VR/AR功能后，物体对象会受到重力的影响而下落。刚体组件分为Rigidbody（3D物体对象使用的刚体组件）和Rigidbody 2D（2D物体对象使用的刚体组件）两种类型。3D物体对象（或2D物体对象）通常是指在3D（或2D）类型的工程文件下的物体对象。由于VR/AR产品创作通常使用的是3D类型的工程文件，因此常用的刚体组件为Rigidbody。

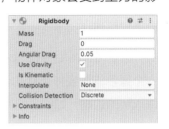

图2-34

3D物体对象使用的Rigidbody在Inspector窗口中的属性设置示例如图2-34所示。其常用的属性的功能如下。

- Mass：用于设置3D物体对象的质量。

- Drag：用于设置3D物体对象在位移运动时受到的阻力。

- Angular Drag：用于设置3D物体对象在旋转运动时受到的阻力。

- Use Gravity：用于设置3D物体对象是否受重力的影响。

2.4.3 Collider 组件

Collider（碰撞器）组件是确保两个物体对象之间能够正常地发生碰撞的关键，只有在两个物体对象上都添加碰撞器组件，并且其中一个物体对象还添加有刚体组件的情况下，两个物体对象之间才能产生碰撞的效果，否则它们会穿过彼此，如图2-35所示。

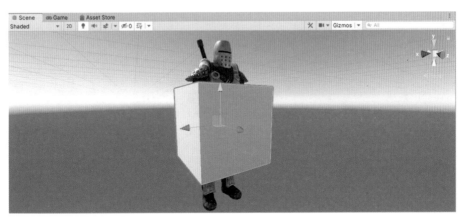

图2-35

根据物体对象的类型，碰撞器组件被分为Collider（3D物体对象使用的碰撞器组件）和Collider 2D（2D物体对象使用的碰撞器组件）两种类型。和刚体组件一样，通常情况下VR/AR产品的创作会使用3D碰撞器组件，根据不同形状的物体对象，3D碰撞器组件又被分为Box Collider（立方体碰撞器组件）、Capsule Collider（胶囊体碰撞器组件）等类型，但每种碰撞器组件的属性的差别并不大。

这些碰撞器组件在Scene窗口中显示为一个绿色的边框，例如胶囊体碰撞器组件显示的是一个绿色的胶囊体形状的边框，如图2-36所示；立方体碰撞器组件显示的是一个绿色的立方体形状的边框，如图2-37所示。

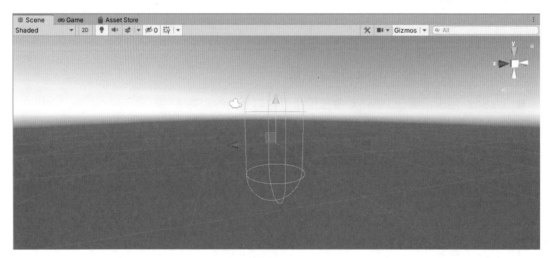

图2-36

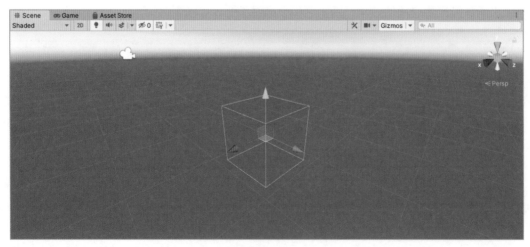

图2-37

由于VR/AR产品的创作常用的是3D类型的工程文件，这里就以3D立方体碰撞器组件为例进行介绍。3D立方体碰撞器组件在Inspector窗口中的参数设置示例如图2-38所示。

创作者可以在单击碰撞器组件的"Edit Collider"按钮后，通过拖曳碰撞器组件上的小绿点或设置Size属性的数值，修改碰撞器组件的尺寸。图2-39所示为通过拖曳碰撞器组件上的小绿点来修改3D碰撞器组件的尺寸的效果。

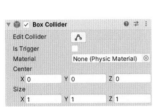

图2-38

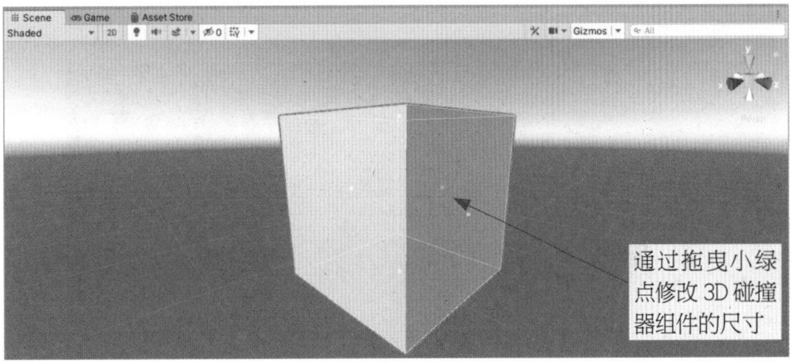

通过拖曳小绿点修改3D碰撞器组件的尺寸

图2-39

除了设置3D碰撞器组件的尺寸外，还可以通过修改3D碰撞器组件的Center属性的数值，设置碰撞器组件在物体对象上的位置。

2.4.4 Camera 组件

Camera（相机）组件的功能是在Game窗口中显示VR/AR功能的运行画面。创建工程文件后，Unity会自动创建一个有相机组件的物体对象Main Camera，如图2-40所示。

相机组件会根据自身在场景中的位置，对Game窗口中的VR/AR功能的运行画面进行显示，并且只有场景中某个物体对象添加了相机组件，Game窗口中才会显示VR/AR功能的运行画面，否则将会提示场景中没有相机组件的物体对象，如图2-41所示。

相机组件在Inspector窗口中的参数设置示例如图2-42所示。

图2-40

31

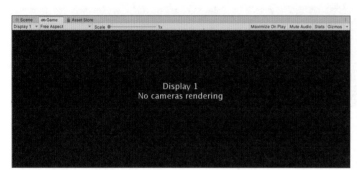

图2-41

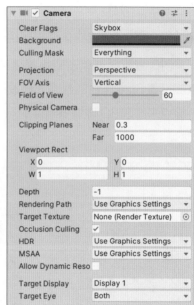

图2-42

相机组件的常用属性为Projection，该属性的作用是设置相机组件的显示方式。单击
Projection属性右侧的下拉按钮 ▼ ，在展开的下拉列
表中可以设置相机组件的显示方式。不同的显示方式
会对Game窗口中显示的VR/AR画面产生不同的影
响。可选的相机组件的显示方式有Perspective和
Orthographic两种，如图2-43所示。

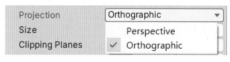

图2-43

其中，Perspective是以透视投影的方式在Game窗口中显示VR/AR功能的运行画面，
此方式是VR/AR创作中常用的显示方式。在这种显示方式下，画面会具有一定的深度感，物
体对象看起来更具空间感和立体感。Orthographic则是以正交投影的方式在Game窗口中显
示VR/AR功能的运行画面。在这种显示方式下，画面中的所有物体对象都显示在同一平面上。
Orthographic显示方式通常用于2D游戏的开发中，在VR/AR的创作中并不常用。

2.4.5 Light 组件

Light（光照）组件的作用是为场景添加光照。新建一个Unity工程文件后，Unity会在
Hierarchy窗口中自动创建一个带有光照组件的物体对象Directional Light。选中这个物体对
象后，即可在Inspector窗口中看到该光照组件的参数选项，如图2-44所示。

　　光照被分为Directional、Spot、Point、Area等4种类型，单击Type属性右侧的下拉按钮，可以在展开的下拉列表中选择光照类型，如图2-45所示。

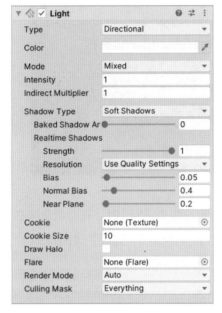

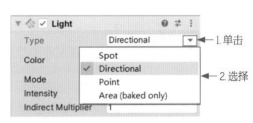

图2-44　　　　　　　　　　　　　　　　图2-45

　　这里选择较为常用的Directional、Spot及Point类型的光照效果进行讲解。其中Directional类型的光照效果类似太阳，它提供的是全局光照。当光照组件的光照类型设置为Directional时，无论物体对象在场景中的什么位置，它们都会受到来自光照组件的光照，如图2-46所示。

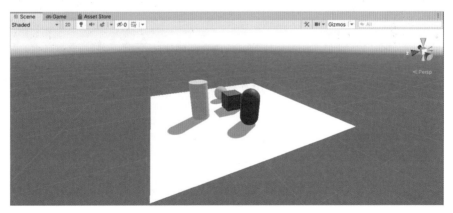

图2-46

　　Spot类型的光照效果类似聚光灯。当光照组件的光照类型设置为Spot时，光线会全部集中在一个位置上。因此，Spot类型的光照通常会运用在场景中具有特殊作用的物体对象上，如宝箱或角色模型等，以强调该物体对象在场景中的存在感，如图2-47所示。

图2-47

Point的光照效果类似蜡烛。当光照组件的光照类型设置为Point时，光照会集中在一个范围内并向四周发散，只有物体对象处在光照的范围内才会受到光照，如图2-48所示。

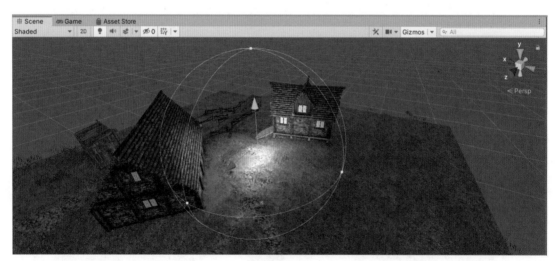

图2-48

这里有一点需要创作者注意，由于光照在VR/AR的创作中是一项十分消耗性能的功能，Unity为了节省性能的开销，通常会关闭光照的效果，即使创作者在物体对象上添加了Light组件也不会有任何的光照效果。因此，创作者需要在Unity的菜单栏中，选择"Window"→"Rendering"→"Lighting Settings"命令，如图2-49所示，在调出的Lighting窗口中开启光照效果。

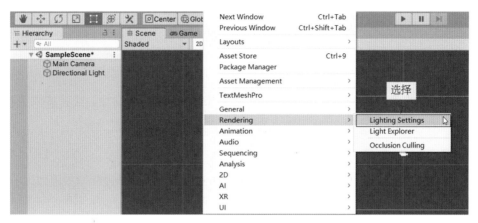

图2-49

调出Lighting窗口后，选择"Auto Generate"复选框，即可开启光照效果，如图2-50所示。

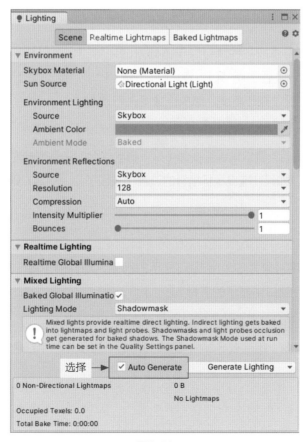

图2-50

2.5 同步强化模拟题

1. 在Unity的菜单栏中执行"Window"→"Asset Store"命令，或者按快捷键（　　），均可以打开Unity商店。

A. Cut　　　　　　　B. Edit　　　　　　　C. Ctrl+9　　　　　　　D. Ctrl+6

2. （　　）组件用于设置立方体物体对象在场景中的位置、旋转角度和缩放倍数。

A. Rigidbody　　　　　　　　　　　　　　B. Collider

C. Light　　　　　　　　　　　　　　　　D. Transform组件

3. Light组件的作用是为场景添加（　　）。

A. 光照　　　　　　　B. 光线　　　　　　　C. 灯光　　　　　　　D. 阴影

二、多选题

1. 在Scene窗口中添加各种素材以丰富场景的内容时，可以从Project窗口将这些素材拖曳到Scene窗口中，然后使用"Q"键、（　　）键、（　　）键、（　　）键对画面的显示位置，以及素材在场景中的位置、旋转角度、缩放倍数等进行调整。

A. W　　　　　　　　B. E　　　　　　　　C. R　　　　　　　　D. S

2. 在选择平移工具后，鼠标指针会变为（　　）形状，此时按住鼠标左键并拖曳鼠标指针可以从不同的位置浏览场景。如果在拖曳鼠标指针的过程中按住了（　　）键，则可以调整浏览的角度。

A. Ctrl　　　　　　　B. 手掌　　　　　　　C. Alt　　　　　　　D. Text

三、判断题

1. 平移工具的作用对象为Scene窗口显示的画面，而变换工具、旋转角度工具和缩放工具的作用对象为Scene窗口中显示的素材。（　　）

2. Transform组件的功能为让物体对象具有力的物理特性。（　　）

3. Collider（碰撞器）组件在Scene窗口的画面下显示为一个红色的边框。（　　）

第 **3** 章

VR/AR场景搭建

场景是VR/AR产品中重要的组成部分。一个VR/AR
产品由多个场景组成。优秀的场景总能给用户留下深
刻的印象，本章通过一个案例讲解如何在Unity中搭建
VR/AR产品的场景。

3.1 场景文件

场景文件是指 Unity 中用于存储场景的文件，一个场景文件对应一个场景。创建工程文件后，Unity 会自动地在 Project 窗口中创建并打开一个场景文件，如图 3-1 所示。

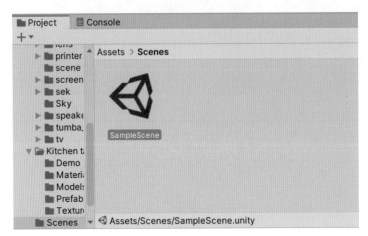

图3-1

当 Scene 窗口中的物体对象发生变化时，如将 Project 窗口中用于搭建场景的素材拖曳到 Scene 窗口时；或者在 Scene 窗中，对现有的物体对象的位置、缩放倍数、旋转角度等参数进行修改后，Hierarchy 窗口中场景名称的右侧就会显示一个星号 "*"，提示创作者是否将变化后的场景进行保存，如图 3-2 所示。

图3-2

此时，创作者可以按 "Ctrl" + "S" 组合键，将变化后的场景保存在当前打开的场景文件中。

如果创作者需要为 VR/AR 产品搭建更多的场景，则可以在 Project 窗口中单击鼠标右键，在弹出的菜单中选择 "Create" → "Scene" 命令，创建一个新的场景文件，如图 3-3 所示。创建场景文件后，创作者可以通过双击打开该场景文件，并在 Scene 窗口中搭建新的场景。

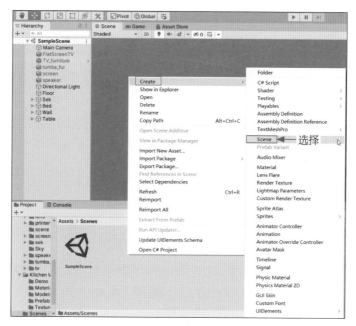

图3-3

与Unity工程文件中的素材一样,场景文件同样被视为用于制作VR/AR产品的素材。

3.2 场景搭建方法

本节将使用本书配套资源中的"Flatscreen TV""Furniture_ges1""Kitchen table with chair""Tv_furniture"素材,讲解搭建VR/AR产品中的场景的方法,案例效果如图3-4所示。创作者也可以根据实际情况从网上或Unity商店中下载素材来搭建场景。

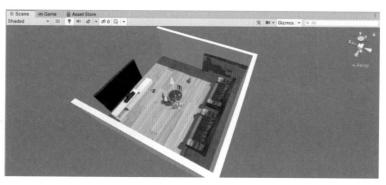

图3-4

1. 准备工作

在开始制作本案例之前，创作者需要先将配套资源中的"Flatscreen TV""Furniture_ges1""Kitchen table with chair""Tv_furniture"素材导入创建的工程文件。

创建工程文件后，双击这些素材包，在弹出的"Import Unity Package"对话框中单击"Import"按钮，即可将素材包中存储的素材导入当前的工程文件，如图3-5所示。

导入完毕后，这些素材会统一显示在Project窗口中，如图3-6所示。

在将素材导入当前的工程文件后，需要开启Unity的光照效果。在"Unity"菜单栏中选择"Window"→"Rendering"→"Lighting Settings"命令，调出Lighting窗口，选择"Auto Generate"复选框，如图3-7所示。

图3-5

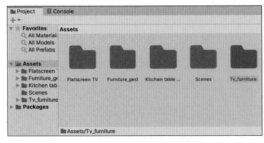

图3-6

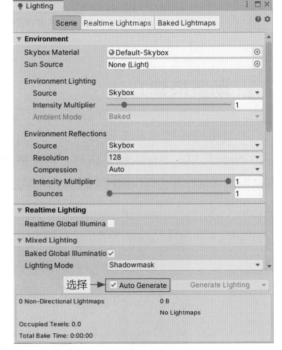

图3-7

2. 制作过程

（1）搭建围墙场景和地板场景。

① 在Hierarchy窗口中单击鼠标右键，在弹出的菜单中选择"3D Object"→"Cube"命令，新建一个立方体对象。在Hierarchy窗口中，选中立方体对象的名称"Cube"，按3次"Ctrl"+"D"组合键，复制3个立方体物体对象，并将这些立方体物体对象分别命名为"Wall_1""Wall_2""Wall_3"和"Floor"，其中Wall_1、Wall_2、Wall_3用于搭建围墙场景，Floor用于搭建地板场景，如图3-8所示。

② 对4个立方体物体对象命名完毕后，创作者需要在Inspector窗口中分别设置Wall_1、Wall_2、Wall_3、Floor物体对象的Transform组件的Scale属性，对这些物体对象的缩放倍数进行设置。其中Wall_1、Wall_2和Wall_3物体对象的Transform组件的Scale属性均设置为（30,10,1），Floor物体对象的Transform组件的Scale属性设置为（30,0.5,30）。

③ 设置好4个物体对象的Scale属性后，创作者需要在Scene窗口中使用位移工具和旋转工具设置Wall_1、Wall_2、Wall_3物体对象的位置和旋转角度，将它们围绕在Floor物体对象的周围，以此搭建出围墙场景，如图3-9所示。

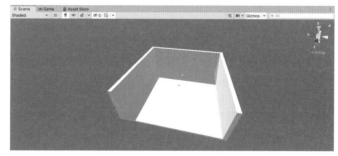

图3-8　　　　　　　　　　　图3-9

（2）设置围墙和地板的材质贴图。

① 在Project窗口中按照"Assets"→"Furniture_ges1"→"interior"→"Materials"路径，打开材质贴图所在的文件夹，如图3-10所示。

图3-10

② 选中floor材质贴图，按住鼠标左键将其拖曳到Floor物体对象上，添加地板的贴图，如图3-11所示。使用同样的方法，将wall材质贴图依次拖曳到Wall_1、Wall_2、Wall_3物体对象上，添加围墙的贴图。

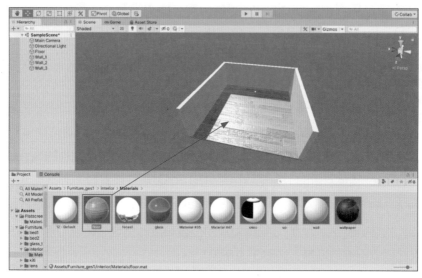

图3-11

（3）向场景中添加沙发素材。

① 在Project窗口中，按照"Assets"→"Furniture_ges1"→"bed1"路径，打开素材所在的文件夹，将沙发素材拖曳到Scene窗口中，如图3-12所示。

图3-12

② 向场景中添加沙发后，创作者需要先使用移动工具调整沙发在场景中的位置，然后在Inspector窗口中将沙发的Transform组件的Scale属性设置为（1.5,1.5,1.5），以此来调整沙发的缩放倍数。最后按"Ctrl"+"D"组合键复制一个新的沙发，并使用移动工具调整新沙发的位置。调整完毕后的效果展示如图3-13所示。

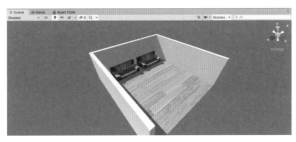

图3-13

（4）向场景中添加柜子。

① 在Project窗口中，按照"Assets"→"Furniture_ges1"→"sek"路径，打开素材所在的文件夹，如图3-14所示。然后将文件名为sek1、sek2、sek3、sek4的4种柜子素材分别拖曳到Scene窗口中。

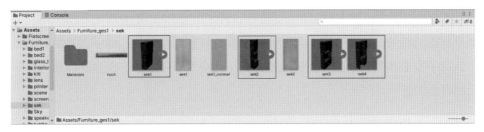

图3-14

② 使用旋转工具和移动工具调整4种柜子的旋转角度，将它们放置在左侧围墙的合适位置处，效果如图3-15所示。

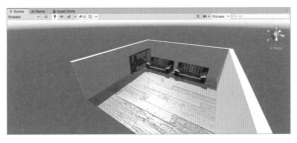

图3-15

（5）向场景中添加桌子、椅子以及果盘素材。

① 在Project窗口中，按照"Assets"→"Kitchen table with chair"→"Prefabs"路径，打开素材所在的文件夹，如图3-16所示。然后将ClassicKitchenChair2、ClassicRoundTable1、PlateWithFruit素材分别拖曳到Scene窗口中。

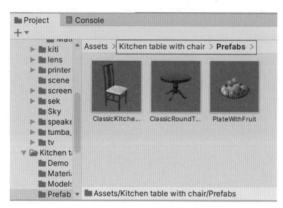

图3-16

② 在场景中添加桌子、椅子以及果盘后，创作者需要在Inspector窗口中，将桌子、椅子、果盘的Transform组件的Scale属性均设置为（3,3,3），调整它们的缩放倍数。然后在Hierarchy窗口中选中椅子的名称"ClassicKitchenChair2"，并按两次"Ctrl"+"D"组合键，复制两把新的椅子。使用位移工具和旋转工具，分别调整桌子、椅子以及果盘的位置和旋转角度，让桌子摆放在靠近地板中心的位置，椅子围绕着桌子摆放，果盘则摆放在桌子上，调整完毕后的效果如图3-17所示。

图3-17

（6）向场景中添加电视柜和电视素材。

① 在Project窗口中，按照"Assets"→"Tv_furniture"→"Prefabs"路径，打开素材所在的文件夹，如图3-18所示。

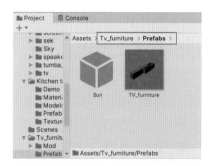

图3-18

② 选中Tv_furniture素材并按住鼠标左键将其拖曳到Scene窗口中。然后在Inspector窗口中，将Tv_furniture的Transform组件的Scale属性设置为（5,5,5），对电视柜的缩放倍数进行调整。再使用移动工具，将电视柜放置在靠向右侧围墙的位置，效果如图3-19所示。

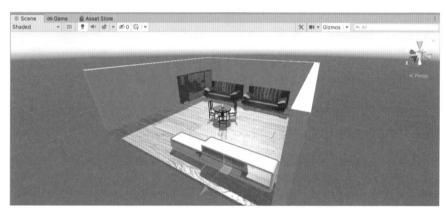

图3-19

③ 在Project窗口中打开"Flatscreen TV"文件夹，如图3-20所示。

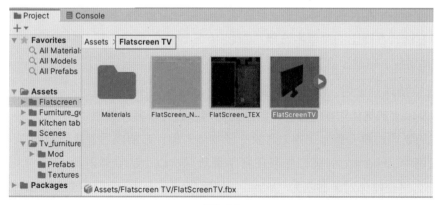

图3-20

45

④ 选中FlatScreenTV素材并将其拖曳到Scene窗口中。然后在Inspector窗口中，将FlatScreenTV的Transform组件的Scale属性设置为（0.8，0.8，0.8），对电视的缩放倍数进行调整。再使用移动工具，将电视摆放到电视柜的上方，效果如图3-21所示。

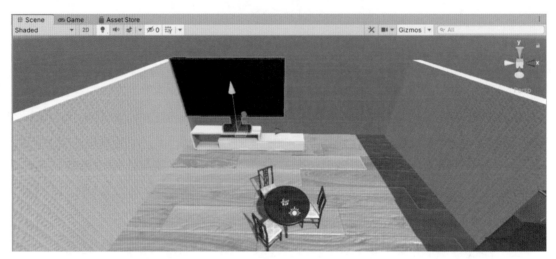

图3-21

⑤ 在向场景中添加电视柜和电视素材后，整个场景就基本搭建完毕了，但还有一个问题需要解决。由于场景中摆放了较多的物体对象，导致Hierarchy窗口中各物体对象名称的排列顺序杂乱无章，这会使得在Hierarchy窗口中寻找物体对象的过程变得非常复杂，如图3-22所示。

⑥ 为了简化在Hierarchy窗口中寻找物体对象的过程，创作者需要将这些物体对象设置为空物体对象的子物体对象。空物体对象是指只添加有Transform组件的物体对象。创作者可以在Hierarchy窗口中单击鼠标右键，在弹出的菜单中选择"Create Empty"命令，新建一个空物体对象，如图3-23所示。

图3-22

⑦ 创建空物体对象后，创作者需要在Hierarchy窗口中根据重复出现两次及以上的物体对象的名称，对空物体对象进行命名，然后将重复出现的物体对象设置为空物体对象的子物体对象，方便以后查找与管理物体对象。例如，在本案例中，Hierarchy窗口中存在名字重复两次以上的物体对象Wall_1和Wall_2和Wall_3，那么将空物体对象命名为"Wall"，然后在Hierarchy窗口中选中Wall_1、Wall_2和Wall_3，并将这些物体对象拖曳到Wall物体对象上，即可将其设置为空物体对象Wall的子

物体对象，如图3-24所示。

图3-23

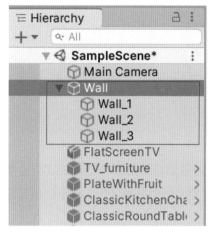

图3-24

在将Wall_1、Wall_2、Wall_3设置为空物体对象Wall的子物体对象后，创作者可以通过单击空物体对象左侧的下拉按钮来显示或隐藏子物体对象的名称。

3.3 同步强化模拟题

一、单选题

1. 场景文件是指Unity中用于存储场景的文件，一个场景文件对应一个场景。创作者创建工程文件后，Unity会自动地在（　　）窗口中创建并打开一个场景文件。

A. Project   B. Scene

C. Inspector   D. Hierarchy

2. 当Scene窗口中的物体对象发生变化时，创作者可以按（　　）组合键，将变化后的场景保存在当前打开的场景文件中。

A. Ctrl+D   B. Ctrl+V

C. Ctrl+S   D. Ctrl+A

3. 向场景中添加物体后，创作者需要先使用移动工具调整素材在场景中的位置，然后在Inspector窗口中，对素材的Transform组件的Scale属性进行设置，以此来调整素材的（　　）。

A. 只调整长   B. 只调整宽

C. 只调整高   D. 缩放倍数

4. （　　）是指只添加有Transform组件的物体对象。

A. 子物体对象   B. 空物体对象

C. 组合对象   D. 整合对象

二、多选题

1. 可以对搭建场景的素材对象的（　　）等参数进行修改，修改后Hierarchy窗口中场景名称的右侧会显示一个星号"*"，提示创作者是否将变化后的场景进行保存。

A. 颜色   B. 位置

C. 缩放倍数   D. 旋转角度

2. 在搭建场景的过程中，创作者可以在Scene窗口中使用（　　）设置物体对象的位置和旋转角度。

A. 缩放工具   B. 位移工具

C. 挤出工具   D. 旋转工具

三、判断题

1. 搭建VR/AR产品中的场景时，创作者只能使用自己创作的素材。（　　）

2. 在Unity菜单栏中选择"Window"→"Rendering"→"Lighting Settings"命令，在将素材导入当前的工程文件后，可以通过调出Lighting窗口，选择"Auto Generate"复选框，开启场景贴图。（　　）

3. 在Scene窗口中，可以使用"Ctrl"+"D"组合键对物体对象进行复制操作。（　　）

第

4 章

章

VR/AR产品开发的
核心语法

脚本是Unity中可调用的一种资源文件，创作者可在脚本中通过编写代码实现VR/AR功能。由于Unity是选用C#作为在脚本中编写代码的编程语言，因此创作者需要有C#语言的编程基础。本章会通过VR/AR游戏案例来讲解C#的基本语法。

4.1 设置开发环境

在学习C#语言前，创作者需要先设置用于编写C#代码的编辑器。Unity中常用的编辑器有MonoDevelop和Visual Studio两种，本书将以Visual Studio为例，讲解如何在Unity中设置开发环境。

4.1.1 下载Visual Studio和开发工具包

Visual Studio是一款多功能的编辑器，创作者不仅可以用来在Unity中进行VR/AR功能的创作，还可以用来在.Net和Linux等平台上进行Web应用程序及服务器开发等工作。通常情况下，创作者并不需要在这么多的平台上进行开发，为此Visual Studio将自身的功能拆分成了不同的开发工具包，创作者可以根据自身需求选择相应的工具包进行下载。下面讲解如何下载Visual Studio安装程序和Unity开发工具包。

1. 下载Visual Studio安装程序

进入Visual Studio的官网后，在Visual Studio界面中单击"下载Visual Studio"按钮，在弹出的下拉列表中选择"Community 2019"后，即可下载Visual Studio安装程序，如图4-1所示。

图4-1

2. 下载Unity开发工具包

Visual Studio安装程序下载完毕后，双击运行Visual Studio安装程序并进入安装程序的界面，单击"更多"按钮，在展开的下拉列表中选择"修改"，如图4-2所示。

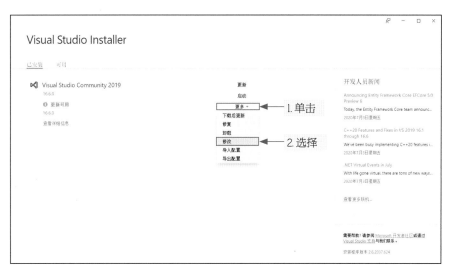

图4-2

进入修改界面后，选择"使用Unity的游戏开发"工具包，单击"修改"按钮，即可下载和安装使用Unity进行VR/AR产品创作时所需的工具包，如图4-3所示。这里需要注意，工具包的下载和安装路径为系统默认路径，创作者无法进行修改。

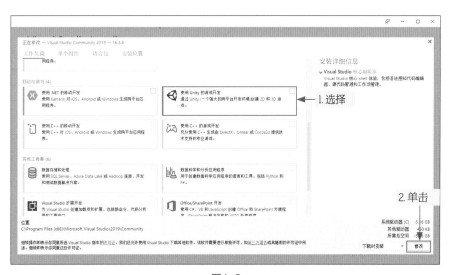

图4-3

4.1.2 设置 Unity 的编辑器

Visual Studio 2019安装完毕后，需要在Unity的菜单栏中选择"Edit"→"Preferences"命令，如图4-4所示，调出Preferences窗口。选择"External Tools"选项卡，在"External Tools"选项卡中单击External Script Editor属性右侧的下拉按钮，在弹出的下拉列表中选择"Visual Studio 2019（Community）"选项，即可将Visual Studio 2019设置为Unity的编辑器，如图4-5所示。

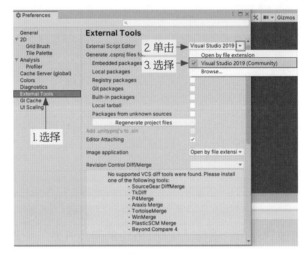

图4-4   图4-5

4.1.3 创建并添加脚本

设置好编辑器后，在Project窗口中单击鼠标右键，在弹出的快捷菜单中选择"Create"→"C# Script"命令，即可创建一个脚本，如图4-6所示。

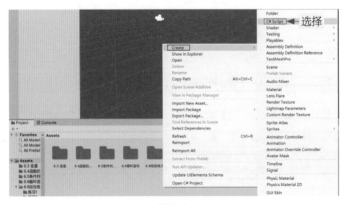

图4-6

脚本创建后，可以在Project窗口中对脚本进行命名，如图4-7所示。

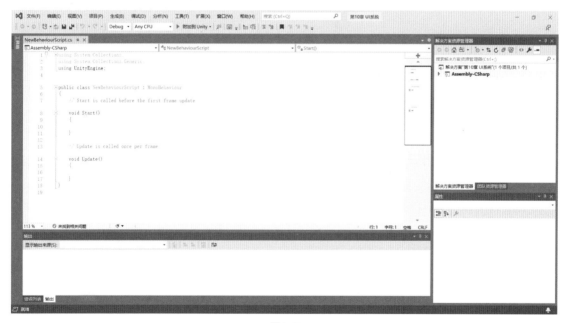

图4-7

在Project窗口中双击创建完毕的脚本，即可进入Visual Studio中编写C#代码，如图4-8所示。

图4-8

在这里有一点需要注意，脚本中的代码只有添加到物体对象上，并单击Unity窗口中的 ▶ 按钮运行VR/AR产品后才会被执行。因此，创作者还需要在物体对象的Inspector窗口中，单击"Add Component"按钮，在弹出的搜索栏中输入脚本的名称（例如Testscript），在搜索结果列表中选择该脚本后按"Enter"键，将脚本添加到物体对象上，如图4-9所示。

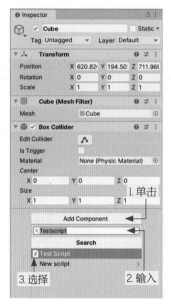

图4-9

4.2 变量

在VR/AR产品中存在各种类型的数据。例如，VR/AR游戏中，角色的生命数值、装备的攻击力数据、技能的伤害数据等，它们都是VR/AR游戏中不可或缺的一部分。为了能够使用这些数据，创作者需要找一个容器将它们存储起来，这个容器在C#语言中被称为变量。

4.2.1 变量的类型

在C#语言中，不同类型的数据需要使用相应类型的变量进行存储，其中常用的数据类型有整型（int）、浮点型（float）、字符串型（string）3种，每种数据类型的特点如下。

● int：用于定义整型数据，如1、3、6等的关键字。用于存储整型数据的变量被称为int变量或整型变量。

● float：用于定义浮点型数据，如3.14、0.4、1.24等的关键字。用于存储浮点型数据的变量被称为float变量或浮点型变量。

● string：用于定义字符串型数据，如abc、xyz、wasd等的关键字。用于存储字符串型数据的变量被称为string变量或字符串型变量。

4.2.2 定义变量

在使用变量存储数据前，创作者需要根据存储数据的类型定义变量的类型，以及变量的名称，并使用"="运算符对变量存储的数据进行初始化。初始化是指将相应类型的数据存储到变量中，最后再使用分号结束变量的定义。因此定义变量的通用语法形式如下。

数据类型 变量名=变量中存储的数据；

例如：

int Power= 5;

在定义变量时，有以下几点需要创作者注意。

第一，在初始化float和string类型变量的数据时，数据的书写格式和int类型的变量会有所不相同。初始化float变量的数据时，需要在数据的末尾添加一个小写的字母"f"，如代码清单1所示。

```
代码清单1
01.     public class Script_06_2 : MonoBehaviour
02.     {
03.         float Time=20.5f;
04.     }
```

初始化string变量的数据时，需要为数值添加上英文状态下的双引号，如代码清单2所示。

```
代码清单2
01.     public class Script_06_3 : MonoBehaviour
02.     {
03.         string PlayerName="Tony Jackman";
04.     }
```

第二，无论是定义变量还是编写其他的代码，在编写完一句代码后，代码的末尾必须加上英文输入法下的分号，否则Unity会报错，导致脚本中的代码无法正常运行。

第三，在脚本中编写代码时，脚本中的标点符号必须在英文输入法的状态下编写，否则同样会报错，影响代码的正常运行。例如，定义变量的句末分号，必须是在英文输入法下输入的分号。

第四，对变量进行命名时，变量名中只可以出现英文字母、数字和下划线，并且变量名的开头必须为英文字母或下划线。

> **提示** 在定义变量时，创作者也可以不对变量的数值进行初始化，直接在变量名的右侧使用分号结束变量的定义。

4.2.3 算数运算符

在VR/AR产品中，变量之间经常需要进行加、减、乘、除等数学运算来实现VR/AR产品中不同的功能，为此创作者需要使用算数运算符。C#语言中常用的算数运算符有如下5种。

● +：加法运算符，作用是计算变量数据之和。当VR/AR产品中的某项数据发生增长时，一般会使用"+"运算符。例如，角色在装备新武器后，攻击力发生了增长，这时就需要使用"+"运算符计算增长后的结果。

● −：减法运算符，作用是计算变量数据之间的差值。当VR/AR产品中的某项数据减少时，一般会使用"−"运算符。例如，角色受到攻击后，减少了一部分的生命值，这时就需要使用"−"运算符计算减少后的结果。

● *：乘法运算符，作用是计算变量数据的积。当VR/AR产品中的某项数据成倍数增长时，一般会使用"*"运算符。例如，角色使用了特效药，生命值和魔力值都增长到了原来的两倍，这时就需要使用"*"运算符计算增长后的结果。

● /：除法运算符，作用是计算变量数据的商，并且只取商的整数部分。当VR/AR产品中的某项数据成约数减少时，一般会使用"/"运算符。例如，敌人释放了削弱角色攻击力的技能，角色的攻击力减少到原来的一半，这时就需要使用"/"运算符计算减少后的结果。

● %：求余运算符，作用是计算变量数据的商，并且只取商的余数部分。例如，在特殊情况下，为了平衡VR/AR游戏的难度，增加角色生命值较低时的胜率，创作者会使用"%"运算符让角色当前所剩的生命值和攻击力数据相除，并取相除结果的余数部分作为角色增加的攻击力数据。

在使用运算符时，创作者需先选择一个运算符，然后把需要进行数学运算的变量分别放在运算符的左右两边，最后定义一个与之相同类型的变量存储计算的结果，并使用"="运算符将计算结果存储到变量中。由于每种运算符的使用方法都大同小异，因此这里仅以"+"运算符进行加法运算为例进行讲解，如代码清单3所示。

```
代码清单3
01.      public class Script_06_4 : MonoBehaviour
02.      {
03.          int MikeMP=10;
04.          int JackMP=4;
05.          int Shier;
06.          private void Start()
07.          {
08.              Shier=MikeMP+JackMP;
09.          }
10.      }
```

第3～5行代码的作用：定义变量。

第8行代码的作用：进行加法运算，并将计算结果存储到Shier变量中。

4.2.4 变量的访问权限

在Unity中，每个脚本可以看作是一个独立的个体，而在脚本里定义的变量则看作是脚本所拥有的"财产"，并且脚本可以设置自己"财产"的访问权限。例如，创作者分别创建了脚本A和脚本B，并且在脚本A中定义了一个变量C，那么脚本A有权决定变量C是否供脚本B使用。在C#语言中，用于设置变量访问权限的关键字为private和public，创作者在定义变量时，只需在变量的前面使用private或public关键字，即可设置变量的访问权限，如代码清单4所示。

```
代码清单4
01.      private int MagicPoint;
02.      public int PowerPoint;
```

● private：表示将变量定义为私有，即只有定义这个变量的脚本才可以使用该变量，其他的脚本则不能使用。

● public：表示将变量定义为公有，即定义这个变量的脚本和其他的脚本都可以使用这个变量。

提示 （1）在定义变量的时候，如果没有使用private或public关键字对变量的访问权限进行定义，那么变量的访问权限将默认为private，即私有。

（2）有关脚本之间相互使用变量的方法会在本书的第5章中进行详细讲解。

除此之外，创作者在为物体对象添加脚本后，还可以在Inspector窗口中设置脚本中访问权限为public的变量的数值。例如，为访问权限为public的变量PowerPoint设置数值，输入数值后按"Enter"键确认，如图4-10所示。访问权限为private的变量则不能使用此种方式赋值。

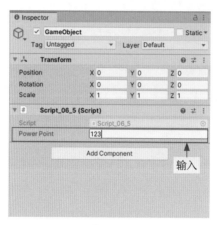

图4-10

> **提示** 在Visual Studio编辑器里，脚本名称和变量名称中是没有空格的，但是将脚本添加到物体对象上后，在Inspector窗口中，Unity会自动在所有脚本的名称和访问权限为public的变量名称中添加空格（以单词划分）。

4.3 函数

在C#语言中，函数是表示一项功能的集合。在VR/AR产品中的每一项功能都是通过调用脚本中的相应函数的方式实现的。函数之所以能够用来实现VR/AR产品的功能，依靠的是不同C#语句之间的相互配合，创作者需要在函数的内部灵活运用这些语句。本节将讲解如何定义和调用函数。

1. 函数的定义

在调用函数实现VR/AR产品的功能前，需要在脚本中对函数进行定义。定义函数的通用语法形式如下。

```
函数类型  函数名称（参数类型  参数名，参数类型  参数名）
{用于实现功能的代码}
```

具体应用示例如代码清单5所示。

```
代码清单5
01.      int AddMethod(int a,int b)
02.      {
03.          int temp=a+b;
04.          return temp;
05.      }
```

第1行代码的作用：定义函数的返回值类型、名称及参数。

第2～5行代码的作用：定义函数的功能。

定义函数的关键如下。

第一，定义函数的返回值类型。每个函数都会返回一种类型的数值或变量，返回的数值和变量的类型由定义的函数返回值类型决定。C#语言中常见的返回值类型有int、float、string和void四种，其中int、float和string都是C#语言中常见的变量类型，而void代表没有返回值，即函数不返回任何数值或变量。

第二，对函数进行命名。和变量一样，每个函数都需要有一个名称，函数名只可以由英文字母、数字和下划线组成，并且函数名的开头只能是英文字母或下划线。

第三，定义参数。参数是函数中一种可调动的资源，创作者可以在调用函数时，向函数中传入相应数量和类型的数值或变量作为函数的参数，传入的数值或变量的数量和类型由定义的参数数量和类型决定。例如，在代码清单5中，由于AddMethod函数中定义了两个整型的参数，那么在调用AddMethod函数时就需要传入两个整型的数值或变量。传入完毕后，就可以通过使用不同的C#语句调动这些参数来实现不同的功能。

在向函数传入参数前，创作者需要在函数名称右侧的小括号中定义参数。定义参数的方法和定义变量的相同，并且参数的名称需要遵守变量的命名规则，每个参数之间需要用逗号隔开。如果创作者只定义了一个参数，则不需要使用逗号。创作者也可以不定义参数的类型，即让函数名右侧的小括号为空。

第四，定义函数的功能。在函数名称的下方使用一对大括号，创作者需要在大括号中灵活运用不同的C#语句定义函数的功能。例如，在代码清单5中，AddMethod函数中就使用了"+"运算符对函数中定义的两个整型参数a和b进行加法运算。

第五，返回值。每个函数都会根据函数定义的返回值类型，返回相同类型的数值或变量。此时，创作者需要用到表示返回函数数值的return关键字，并根据返回值的类型在return

关键字的后面跟上相同类型的数值或变量以及表示代码编写完毕的分号。函数返回值的通用语法形式可以总结为"return 与返回值类型相同的数值或变量"。例如，在代码清单5中，AddMethod函数的返回值类型为整型，因此定义了一个整型变量temp，在存储了变量a和变量b进行加法运算的结果后，return关键字返回了变量temp。

2. 函数的调用

在定义完函数后，创作者就可以调用函数实现具体的功能了。

对于函数的调用，Unity中有统一的规范，即无论是调用创作者自己定义的函数，还是调用Unity中定义的函数，都需要把函数放在Unity的生命周期函数中，这样才会执行这些函数。函数调用的通用语法形式如下。

```
void   生命周期函数 ( )
{函数名（参数1，参数2）;}
```

根据VR/AR产品中不同的功能需求，这些生命周期函数会被分为几种不同的类型，在这里用的是生命周期函数中的Start函数，如代码清单6所示。更多类型的生命周期函数将在本书第5章中进行讲解。

```
代码清单6
01.        private int PowerA=15;
02.        private int PowerB=12;
03.
04.        void Start()
05.        {
06.            AddMethod(PowerA,PowerB);
07.        }
```

第1、2行代码的作用：定义变量并为变量赋值。

第4～7行代码的作用：在生命周期函数Start中调用AddMethod函数。

上述代码在Start函数中将两个定义的整型变量作为参数传入AddMethod函数中进行调用。

在代码清单6中，参数PowerA和参数PowerB，分别代表传入AddMethod函数中的变量，这两个变量将作为函数的参数被调用。传入函数的数值或变量的数量和类型，由创作者定义的参数的数量和类型决定。如果没有定义参数，那么在调用函数时就不需要传入任何的数值或变量，让函数名右侧的小括号为空即可。

如果函数的返回值类型不是void，那么创作者可以定义一个和函数返回值类型相同的变量，并使用"="运算符对函数的返回值进行存储。利用这个方法创作者可以实现一些功能。存储函数返回值的通用语法形式如下。

变量名=函数名（参数1，参数2）

例如，定义一个存储AddMethod函数返回值的整型变量FinalPower后，将变量FinalPower作为参数传入Unity定义的Debug.Log函数中。Debug.Log函数的作用是在Console窗口中根据传入的参数输出相应的语句。当传入的参数是一个数值或变量时，在Console窗口中输出的是相应的数值，或者相应变量中存储的数值，如代码清单7所示。

```
代码清单7
01.      private int FinalPower;
02.      private void Start()
03.      {
04.          FinalPower=AddMethod(PowerA,PowerB);
05.          Debug.Log(FinalPower);
06.      }
```

第1行代码的作用：定义变量。

第4、5行代码的作用：使用变量存储函数的返回值，并将变量作为参数传入Debug.Log函数中，在Console窗口中输出变量存储的数据。

创作者在运行VR/AR产品后，上述代码在Console窗口中的输出结果如图4-11所示。

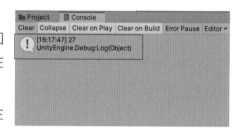

图4-11

提示 创作者在使用Debug.Log函数并运行VR/AR产品后，Unity会自动从Project窗口显示的画面切换到Console窗口显示的画面。

当传入Debug.Log函数的参数是一句由中文或英文字符组成的语句时，在Console窗口中输出的则是语句的原文，如代码清单8所示。

```
代码清单8
01.      private void Start()
02.      {
03.          Debug.Log("Hello Word");
04.      }
```

上述代码在Console窗口中的输出结果如图4-12所示。

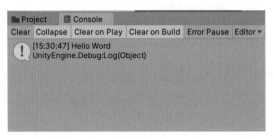

图4-12

和变量的访问权限设置方式相同，创作者也可以用private和public关键字来设置函数的访问权限。如果没有使用private或public关键字设置函数的访问权限，那么函数的访问权限默认为private，如代码清单9所示。

代码清单9

```
01.        private void HealMethod()
02.        {
03.            float a=10;
04.            float b=2;
05.            float c=9;
06.            a=b-c;
07.            Debug.Log(a);
08.        }
09.        public int PowerMethod(int a,int b)
10.        {
11.            int c=a+b;
12.            return c;
13.        }
```

当函数的访问权限为私有时，只有定义该函数的脚本才可以调用这个函数，其他的脚本则不能调用。当函数的访问权限为公有时，定义该函数的脚本和其他的脚本都可以调用这个函数。有关脚本之间调用函数的方法会在本书第5章中进行讲解。

4.4 条件判断语句

VR/AR产品中的许多功能都需要在满足一定的条件下才会实现。例如，VR/AR游戏中，角色背包中的物品需要在玩家单击"确认"按钮后才可以使用等。为此，创作者需要使用条件判断语句来设置这些功能的实现条件。本节将详细讲解C#语言中常用的条件判断语句。

4.4.1 if 语句

if语句是最常见的条件判断语句，其通用语法形式如下。

```
if（执行条件）
{条件成立后执行的代码}
```

创作者需要先使用条件运算符，通过对变量进行条件运算来设置if语句的执行条件，其中用于进行条件运算的变量称为条件变量，如代码清单10所示。

```
代码清单10
01.      if (MP < 1f)
02.      {
03.          Debug.Log("Hello Word");
04.      }
```

第1行代码的作用：使用条件运算符设置if语句的执行条件。

在这里需要注意，if语句必须放在Unity的生命周期函数或创作者自定义的函数中才会被执行。如果创作者将if语句放在了自己定义的函数中，则需要在生命周期函数中调用该函数，if语句才会被执行，如代码清单11所示。除if语句外，其他的条件判断语句也是如此。

```
代码清单11
01.      public float MP;
02.      private void Method1()
03.      {
04.          if (MP<1f)
05.          {
06.          Debug.Log("Hello Word");
07.          }
08.      }
09.      private void Start()
10.      {
11.          Method1();
12.      }
```

第2～8行代码的作用：在Method1函数中使用if语句。

第9～12行代码的作用：在Start函数中调用Method1函数。

在理解了如何使用if语句后，接下来学习C#语言中常用的条件运算符，以及如何使用这些运算符设置if语句的执行条件。

1. 大于运算符和小于运算符

大于（＞）运算符和小于（＜）运算符的作用是比较变量数值的大小。在if语句中，如果比较的结果为true，就执行if语句大括号中的代码。这里以大于运算符的实际运用为例进行讲解，如代码清单12所示。

```
代码清单12
01.      if (WeaponWeight > 8f)
02.      {
03.          Debug.Log("你身上的装备数量已超出了角色最大的负重，请适当地卸下装备");
04.      }
```

上述代码的功能为，通过判断if语句的执行条件"WeaponWeight>8f"是否成立，来控制是否调用Debug.Log函数。如果执行条件成立，就调用Debug.Log函数，在Console窗口中输出"你身上的装备数量已超出了角色最大的负重，请适当地卸下装备"这句话。这里需要注意的是，输出的语句必须要加上英文状态的双引号，如图4-13所示。

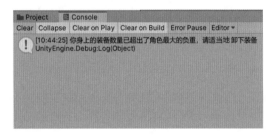

图4-13

> **提示** 创作者可在脚本中将变量WeaponWeight的访问权限设置为public，并在Inspector窗口中设置变量WeaponWeight的数值，以此来控制if语句是否输出图4-13所示的这句话。例如，将变量WeaponWeight的数值设置为小于8的数值，那么if语句就不会输出图4-13所示的这句话。

2. 等于运算符

等于（==）运算符的作用是比较该运算符左右两边的变量的数值是否相等。在if语句中，如果比较的结果为true，就执行if语句大括号中的代码，如代码清单13所示。

```
代码清单13
01.      if (PlayerAscore == PlayerBscore)
02.      {
03.          Debug.Log("两位玩家的分数相同，本局胜负为平局");
04.      }
```

上述代码的功能为，判断变量PlayerAscore和变量PlayerBscore的数值是否相等。如果相等，就调用Debug.Log函数，将"两位玩家的分数相同，本局胜负为平局"这句话输出在Console窗口中，如图4-14所示。

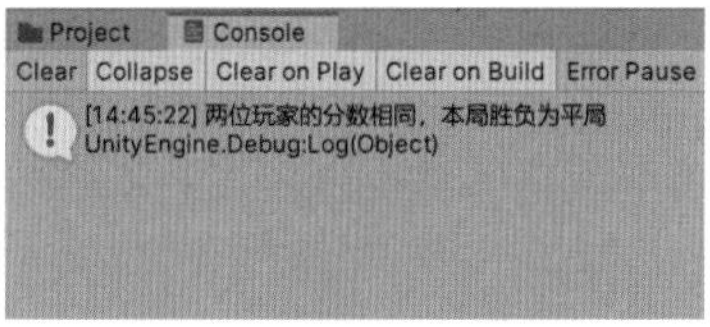

图4-14

3. 不等于运算符

不等于（!=）运算符的作用是比较该运算符左右两边的变量的数值是否不相等。在if语句中，如果比较的结果为true，就执行if语句大括号中的代码，如代码清单14所示。

代码清单14

```
if (passWord != YourInput)
{
    Debug.Log("密码不正确，请重新输入");
}
```

上述代码的功能为，判断变量passWord的数值是否不等于变量YourInput的数值。如果不等于，则调用Debug.Log函数，在Console窗口中输出“密码不正确，请重新输入”这句话，如图4-15所示。

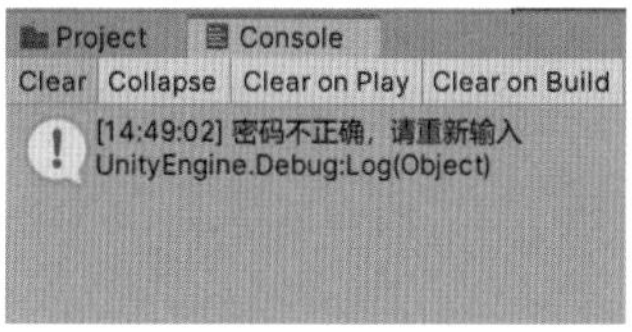

图4-15

4. 大于等于运算符和小于等于运算符

大于等于（>=）和小于等于（<=）运算符的作用是比较变量的数值是否大于等于或小于等于某项数值。在if语句中，如果比较的结果为true，就执行if语句大括号中的代码，如代码清单15所示。

代码清单15

```
if (Exp >= 10f)
{
    Debug.Log("经验值已满，恭喜你升级成功");
}
```

上述代码的功能为，判断变量Exp的数值是否大于等于10f。如果是，就调用Debug.Log函数，在Console窗口中输出“经验值已满，恭喜你升级成功”这句话，如图4-16所示。

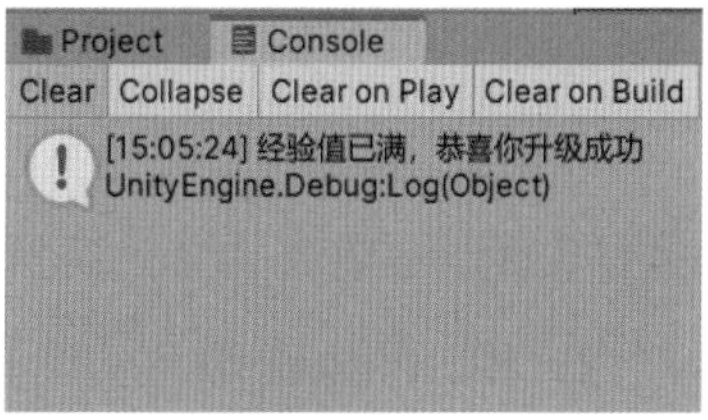

图4-16

5. 逻辑与运算符

逻辑与（&&）运算符的作用是判断该运算符左右两边的执行条件是否同时成立。创作者需要在"&&"运算符的左右两边分别设置两个执行条件，并且只有在这两个执行条件都成立的情况下，才会执行if语句大括号内的代码，如代码清单16所示。

```
代码清单16
01.        if (MP > 10 && HP < 20)
02.        {
03.             Debug.Log("释放终极大招");
04.        }
```

从上述代码中可以看出，在"&&"运算符的左右两边使用">"和"<"运算符设置了两个执行条件，只有在这两个执行条件都成立的情况下才会调用Debug.Log函数，在Console窗口中输出"释放终极大招"这句话，如图4-17所示。

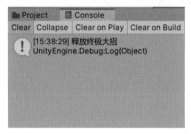

图4-17

6. 逻辑或运算符

逻辑或（||）运算符的作用是对该运算符左右两边的执行条件进行判断。如果两个执行条件中的一个成立，就执行if语句大括号中的代码，如代码清单17所示。

```
代码清单17
01.        if (MP > 5 || HP < 10)
02.        {
03.             Debug.Log("角色释放了普通技能");
04.        }
```

上述代码的功能为，判断"||"运算符左右两边的执行条件"MP>5"和"HP<10"是否有一个成立。如果有一个执行条件成立，就调用Debug.Log函数，在Console窗口中输出"角色释放了普通技能"这句话，如图4-18所示。

图4-18

4.4.2 if...else 和 if...else if...else 语句

如果if语句的执行条件在不成立的情况下，还有其他的代码需要执行，则可以使用if...else或if...else if...else语句，本节会对这两种语句的使用方法进行详细的讲解。

1. if...else语句

if...else语句的语法结构和if语句相似，不同之处在于if...else语句在if语句原有的基础上新增了一条else语句并且在else语句的下方会有一对大括号，因此if...else语句的通用语法形式如下。

```
if（执行条件）
{执行的代码}
else
{执行的代码}
```

创作者可以在else语句的大括号内写下实现功能的代码，当if语句内的执行条件不成立时，就执行else语句内的代码，如代码清单18所示。

```
代码清单18
01.      private void Start()
02.      {
03.          if (Power > WeaponWeight)
04.          {
05.              Debug.Log("已装备该武器");
06.          }
07.          else
08.          {
09.              Debug.Log("装备的重量超出了角色的负重值，无法装备");
10.          }
11.      }
```

在上述代码中，使用if...else语句实现了一个简单的装备选择的功能。当if语句中的执行条件（Power>WeaponWeight）不成立时，就执行else语句中的代码——调用Debug.Log函数，在Console窗口中输出"装备的重量超出了角色的负重值，无法装备"这句话，如图4-19所示。

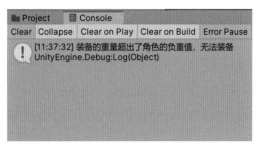

图4-19

2. if...else if...else语句

if...else if...else语句的语法结构和if...else语句相似，不同之处在于if...else if...else语句在if和else语句之间新增了一条else if语句，并且在else if语句的右侧有一对小括号，用于设置执行条件；在else if语句的下方有一对大括号，用于编写执行条件成立后执行的代码。

if...else if...else语句的通用语法形式如下。

```
if（执行条件）
{执行的代码}
else if（执行条件）
{执行的代码}
else
{执行的代码}
```

创作者可在else if语句的小括号和大括号中，分别写下执行条件以及执行条件成立后执行的代码。当if语句的执行条件不成立时，就会判断else if语句的执行条件是否成立。如果else if语句的执行条件成立，就执行else if语句大括号中的代码；如果执行条件不成立，就执行else语句大括号中的代码，如代码清单19所示。

```
代码清单19
01.      private void Start()
02.      {
03.          if (MP < 1f)
04.          {
05.              Debug.Log("你当前的魔力值不够，无法释放技能");
06.          }
07.          else if (MP < 4f)
08.          {
09.              Debug.Log("你当前的魔力值较少，技能的伤害减半");
10.          }
11.          else
12.          {
13.              Debug.Log("魔力值已满，释放技能：突刺");
14.          }
15.      }
```

在上述的代码中，使用if...else if...else语句实现了一个角色释放技能的功能。在这段代码中，if...else if...else语句会分别根据if语句和else if语句中的执行条件是否成立，来控制各自语句中代码的执行。如果if语句中的执行条件"MP<1f"成立，就执行if语句大括号中的代码，即调用Debug.Log函数在Console窗口中输出"你当前的魔力值不够，无法释放技能"这句话。如果if语句中的执行条件不成立，就判断else if语句中的执行条件"MP<4f"是否成立。如果执行条件"MP<4f"成立，就执行else if语句大括号中的代码，即调用Debug.Log函数在Console窗口中输出"你当前的魔力值较少，技能的伤害减半"这句话。如果if语句和else if语句中的执行条件都不成立，就去执行else语句大括号中的代码，即调用Debug.Log函数在Console窗口中输出"魔力值已满，释放技能：突刺"这句话。图4-20是else if语句的执

行条件成立后输出的结果展示。

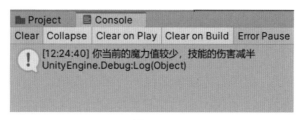

图4-20

这里有一点需要注意，创作者可以在if和else语句的中间插入多条else if 语句，并且这些else if语句的顺序决定了它们的执行顺序。例如，只有在第一条else if语句的执行条件不成立时，才会执行第二条else if语句。如果第二条else if语句的执行条件也不成立，则去执行第三条，依次类推。如果所有的else if语句的执行条件都不成立，则去执行else语句大括号中的代码，如代码清单20所示。

```
代码清单20
01.      private void Start()
02.      {
03.          if (HP > 10)
04.          {
05.              Debug.Log("角色生命值处在满状态，玩家可自由操作角色");
06.          }
07.          else if (HP > 8)
08.          {
09.              Debug.Log("角色损失了部分的生命值，但还是处在健康状态，玩家可以自
由操作角色");
10.          }
11.          else if (HP > 5)
12.          {
13.              Debug.Log("角色损失的生命值过半，请玩家注意自己的操作");
14.          }
15.          else
16.          {
17.              Debug.Log("角色已损失掉了所有的生命值，VR/AR游戏结束");
18.          }
19.      }
```

4.4.3 switch 语句

在VR/AR产品中，经常出现一种功能在不同的状态下，对应不同的执行结果的情况。例如，格斗类型的VR/AR游戏中的选人功能，玩家需要在选人界面中根据角色的生命值上限、

护甲数值和招式动作等信息来选择角色，当玩家决定要选择的角色后，游戏会更新画面中显示的角色模型，其中玩家的选择对应的就是选人功能不同的状态，而画面中更新的模型则对应的是不同状态下执行的结果，类似这种"一对多"的功能通常会使用C#语言中的switch语句来实现。

在使用switch语句前，创作者需要先定义一个条件变量，条件变量的类型可以是int、float、string等，并且在要switch语句的大括号中使用case关键字，根据条件变量的类型以及在执行过程中条件变量可能变化的数据，列举出相应的数值。例如，条件变量的类型为int时，列举的数值是1、3、4；条件类型为float时，列举的数值就是10.4f、14.9f、22.3f；条件变量的类型为string时，列举的数值就是"abc""xyz""wasd"，并且每个数值的后面都需要加上一个英文状态下的冒号。在列举不同的数值后，创作者需要在每个数值的冒号后面编写不同的执行代码，当条件变量的数值和switch语句中列举的数值相同时，就执行对应数值后面的代码。当执行完对应数值后面的最后一行代码时，switch语句会继续执行后面其他列举数值的代码，这会让代码的执行变得不受控制，因此创作者在每个列举数值的冒号后面编写完执行代码后，需要使用break关键字退出switch语句。

switch语句的通用语法形式如下。

```
switch（条件变量）{
case 和条件变量相同类型的数值：
执行的代码
break;}
```

switch语句的具体应用示例如代码清单21所示。

```
代码清单21
01.      public int PlayerSelect;
02.      private void Update()
03.      {
04.          switch (PlayerSelect)
05.          {
06.          case 0:
07.              Debug.Log("玩家当前选择的角色为: 杰西");
08.              break;
09.          case 1:
10.              Debug.Log("玩家当前选择的角色为: 麦克");
11.              break;
12.          case 2:
13.              Debug.Log("玩家当前选择的角色为: 尼禄");
14.              break;
```

```
15.            case 3:
16.                Debug.Log("玩家当前选择的角色为：杰克");
17.                break;
18.        }
19.    }
```

> **提示** 上述switch语句代码需要放在生命周期函数Update中执行，具体原因会在本书第5章中说明。

第1行代码的作用：定义整型变量PlayerSelect，作为switch语句的条件变量。

第4行代码的作用：将变量PlayerSelect设置为switch语句的条件变量，switch语句会根据变量PlayerSelect当前的数值来选择执行相应的代码。

第6~17行代码的作用：在switch语句中，列举不同的数值，当变量PlayerSelect的数值和其中一个列举数值相等时，switch语句就执行相应数值后面的代码。例如，当变量PlayerSelect的数值和case关键字后列举的数值1相等时，switch语句就会调用Debug.Log函数，在Console窗口中输出"玩家当前选择的角色为：麦克"这句话。

上述代码中使用switch语句实现了一个简单的选人功能，选人的结果会在Console窗口中用输出一句话的形式来显示。当条件变量的值和switch语句中列举的数值相等时，switch语句就会执行相应状态下的代码。这里创作者可以把条件变量PlayerSelect的访问权限设置为public，通过在Inspector窗口中修改条件变量的值的方式，在Console窗口中查看条件变量在不同情况下的输出结果。例如，当条件变量PlayerSelect的值为0时，switch语句就会自动匹配相应的数值并执行其后的代码，并在Console窗口中输出"玩家当前选择的角色为：杰西"这句话，如图4-21所示。

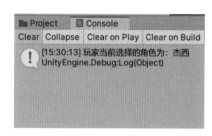

图4-21

4.5 循环语句

在VR/AR产品中经常会有一些需要重复执行的功能。例如，在VR/AR游戏中，角色在一段时间内共使用了10瓶生命药水，为此创作者需要使用C#语言中的循环语句来实现此功能。本节会对C#语言中常用的循环语句进行详细的讲解。

4.5.1 while 语句

while 语句是最基本的循环语句，它的语法结构和if语句相似——在while关键字的右侧有一对用于设置循环条件的小括号，并且在循环条件语句的下方有一对大括号，用于编写循环条件成立后重复执行的代码。其中，用于设置循环条件的变量称为循环变量，循环变量的类型一般是整型，并且所有的循环变量都需要在定义变量的阶段进行初始化。while语句的通用语法形式如下。

```
while（循环条件）
{执行的代码}
```

while语句的具体应用示例如代码清单22所示。

```
代码清单22
01.      private int SpawnEnemy=1;
02.      private void Start()
03.      {
04.          while (SpawnEnemy<10)
05.          {
06.              Debug.Log("这是第"+SpawnEnemy+"波敌人");
07.          }
08.      }
```

第1行代码的作用：定义一个整型的变量SpawnEnemy，并赋初值为1，作为while语句的循环变量。

第4~6行代码的作用：在while语句中，当循环变量SpawnEnemy的数值小于10时，while语句就会重复调用Debug.Log函数，在Console窗口中输出"这是第X波敌人"这句话，其中敌人的波数"X"等于变量SpawnEnemy当前的数值。

上述代码实现了一个重复刷新敌人的功能。当循环条件成立后，while语句会重复执行大括号中的代码，即调用Debug.Log函数在Console窗口中输出函数结果。

这里有一点需要创作者注意，当前的代码没有办法让循环条件"SpawnEnemy<10"不成立，即无法让循环变量SpawnEnemy存储的数据大于10，这会使while语句的循环条件一直成立，大括号中的代码会被永远执行下去，从而导致程序进入无限循环，影响VR/AR游戏的正常运行。

为了避免无限循环的情况发生，创作者需要在while语句的大括号中，最后一行代码的后面使用"++"（自增）或"--"（自减）运算符，修改循环变量存储的数据，让循环执行的功能有结束的机会。自增运算符的作用是让变量在原来存储数据的基础上加1，而自减运算符的作用是让变量在原来存储数据的基础上减1。自增运算符的应用示例如代码清单23所示。

代码清单23

```
01.      private void Start()
02.      {
03.          while (SpawnEnemy<10)
04.          {
05.              Debug.Log("这是第"+SpawnEnemy+"波敌人");
06.              SpawnEnemy++;
07.          }
08.      }
```

自减运算符的应用示例如代码清单24所示。

代码清单24

```
01.      private void Start()
02.      {
03.          while (SkillPoint > 0)
04.          {
05.              Debug.Log("角色当前剩余的技能点数为: "+SkillPoint);
06.              SkillPoint--;
07.          }
08.      }
```

创作者需要根据while语句设置的循环条件来选择相应的运算符。例如，在代码清单23中，while语句的执行条件为SpawnEnemy<10，那么结束循环的条件就应该是循环变量SpawnEnemy的值大于10，因此在大括号中最后一行代码的后面应该使用"++"运算符，让循环变量存储的数据自动加1；而在代码清单24中，while语句的循环条件为SkillPoint>0，那么结束循环的条件就应该是循环变量SkillPoint的值小于0，因此需要在大括号中最后一行代码的后面使用"--"运算符，让循环变量存储的数据自动减1。

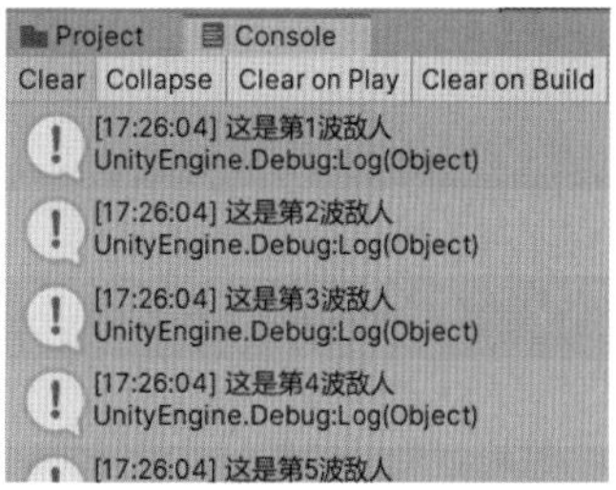

在理解了"++"和"--"运算符如何控制循环结束后，创作者可以利用这两个运算符实现一些功能。例如，代码清单23中就利用了"++"运算符让循环变量SpawnEnemy在原来存储的数据的基础上自动加1后，把SpawnEnemy作为参数传入Debug.Log函数中更新了刷新敌人的次数。代码清单23在Console窗口中的输出结果如图4-22所示。

图4-22

为了实现图4-22所示的文字和变量数值相结合的输出效果，创作者需要使用Debug.Log

函数的格式化输出方式。格式化输出的通用形式为"字符串+变量+字符串"，其中字符串是指输出结果中的文字部分，变量和字符串之间需要使用"+"运算符隔开，例如：

```
Debug.Log("这是第"+SpawnEnemy+"波敌人");
```

4.5.2 do...while 语句

do...while 语句可以看作是一种特殊的while语句，两者的区别是while语句需要先对循环条件进行判断，并且在判断循环条件成立后才去执行大括号中的代码，而do...while语句则是先执行大括号中的代码，然后再判断循环条件是否成立。如果循环条件不成立，那么下一次就不再重复执行大括号中的代码。

在语法结构上，do...while语句比while语句多了一个do关键字，用于编写重复执行代码的大括号被放在了do关键字的下方，而while语句和设置循环条件的小括号则放在了do关键字下方的大括号后面，并且创作者需要在用于设置循环条件的小括号的末尾添加一个英文状态的分号。需要注意的是do...while语句和while语句一样，为了避免程序进入无限循环，创作者需要根据循环条件的实际情况，在大括号中最后一行代码的后面使用"++"或"--"运算符改变循环变量存储的数据。do...while语句的通用语法形式如下。

```
do
{执行的代码}
while(循环条件);
```

具体应用示例如代码清单25所示。

```
代码清单25
01.    private int BounceCount;
02.    private int MaxBounceCount=10;
03.    private void Start()
04.    {
05.        do
06.        {
07.            Debug.Log("成功击中敌人！反弹次数+1！当前剩余的反弹次数为"+
(MaxBounceCount - BounceCount));
08.            BounceCount++;
09.        }
10.        while (BounceCount > 0 && BounceCount < MaxBounceCount);
11.    }
```

第1、2行代码的作用：定义两个整型变量BounceCount和MaxBounceCount，并为变量MaxBounceCount赋初值为10，变量BounceCount则不需要赋值，使其保持为默认值0即可。这两个变量将会作为do...while语句的条件变量。

第5~10行代码的作用：在do...while语句中，使用Debug.Log函数编写执行条件成立后do...while语句重复执行的代码。在while语句中，使用变量BounceCount和MaxBounceCount设置while语句的执行条件，当执行条件成立时，就调用Debug.Log函数，在Console窗口中输出"成功击中敌人！反弹次数+1！当前剩余的反弹次数为X"这句话，其中反弹次数"X"的值等于Debug.Log函数中MaxBounceCount-BounceCount的差值。

上述代码实现的功能是，在第一人称射击类型的VR/AR游戏中，具有反弹能力的特殊子弹发射后会在敌人之间反弹，以便对更多的敌人造成伤害，直到子弹的反弹次数用尽为止。代码运行的结果会在Console窗口中以输出一句话的方式显示，当循环条件成立时，就调用Debug.Log函数在Console窗口中输出相应的语句，以表示子弹反弹后击中了敌人，并更新子弹剩余的反弹次数，如图4-23所示。

图4-23

4.5.3 for 语句

for语句和while、do...while语句的作用相同，不同之处在于for语句把循环变量的定义、循环条件的设置和改变循环变量数值的代码都放在了for语句的小括号中，并且代码之间都会用分号隔开。和while、do...while语句相比，for语句的代码更加整洁。for语句的通用语法形式如下。

```
for（定义循环变量；设置循环条件；使用自增或自减运算符修改循环变量的数值）
```

for语句的具体应用示例如代码清单26所示。

代码清单26

```
01.        for (int i=0; i < ItemCount; i++)
02.        {
03.                int temp=i+1;
04.                Debug.Log("已消耗"+temp+"瓶生命药水");
05.        }
```

第1行代码的作用：定义循环变量（int i=0），设置循环条件（i<ItemCount），改变循环变量的数值（i++）。

上述代码实现的是在一个角色扮演类型的VR/AR游戏中角色使用生命药水的功能。角色使用生命药水的结果会在Console窗口中以输出一句话的形式来显示。当for语句中的循环条件成立时，就重复调用Debug.Log函数在Console窗口中输出"已消耗X瓶生命药水"，其中"X"的值等于当前temp的值，如图4-24所示。

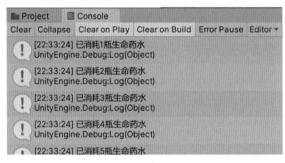

图4-24

4.6 同步强化模拟题

一、单选题

1. 在Unity的菜单栏中选择"（　　）"→"Preferences"命令，即可调出Preferences窗口。

A. Cut
B. Edit
C. Pasle
D. Play

2. 在定义变量的时候，如果没有使用private或public关键字对变量的访问权限进行定义，那么变量的访问权限将会默认为private，即（　　）。

A. 公有
B. 私有
C. 共同所有
D. 集体所有

3. 逻辑与运算符的符号为（　　）。

A. =&
B. ＆¥
C. &&
D. *&

4. （　　）语句是最基本的循环语句，它的语法结构和if语句相似。

A. while
B. do...while
C. do
D. if

二、多选题

1. Unity中常用的编辑器有（　　）两种。

A. MonoDevelop
B. Visual Studio
C. Develop
D. Studio

2. 在C#语言中，不同类型的数据需要使用相应类型的变量进行存储，其中常用的数据类型有（　　）3种。

A. 整型（int）
B. 浮点型（float）
C. 字符串型（string）
D. 浮点数类型（long）

3. 在使用（　　）函数，并运行VR/AR产品后，Unity会自动从（　　）窗口显示的画面，切换到Console窗口显示的画面。

A. Debug.Log
B. Project
C. private
D. public

三、判断题

1. 每个函数都会根据函数定义的返回值类型，返回相同类型的数值或变量，此时需要用到表示返回函数值的return关键字。（　　）

2. 当函数的访问权限为私有时，定义该函数的脚本和其他的脚本都可以调用这个函数。（　　）

3. if语句是最常见的条件判断语句，其通用语法形式为"if（执行条件）{条件成立后执行的代码}"。（　　）

第 5 章

VR/AR产品中脚本的工作
机制及常用的函数和变量

在第4章中我们学习了C#语言的基本语法，这为使用
脚本设计VR/AR产品的功能打下了基础。为了进一步
提高创作者使用C#语言设计VR/AR产品的能力，本
章会在第4章的基础上，进一步讲解脚本的工作机制以
及Unity中常用的函数和变量。

5.1 面向过程和面向对象

在正式学习本章内容之前，首先需要了解面向过程和面向对象两种编程的思维。

面向过程的编程思维是指，创作者在实现VR/AR产品的功能时，思考的是自己如何实现功能。为此，创作者需要从零开始编写代码，并且需要对每一行代码的作用都了如指掌。如果有一行代码编写不正确，那么整个程序功能都将无法实现，因此面向过程的编程思维对创作者的编程功底有着较高的要求。

面向对象的编程思维是指，创作者在实现VR/AR产品的功能时，思考的是让"谁"代替自己去实现这项功能，这个"谁"被称为对象。对象会自动地实现创作者所需的功能，创作者无须从零开始编写代码，也不需要了解对象实现功能的整个过程。因此面向对象的编程思维对创作者的编程功底的要求较低，而Unity正是使用面向对象的编程思维来降低创作者实现VR/AR产品功能的难度。

5.1.1 如何面向对象编程

在理解了面向对象的编程思维后，本节将会详细讲解如何面向对象编程。面向对象编程是让对象代替创作者去实现VR/AR产品的功能，而在使用对象前，创作者需要定义一个用于定义对象的"类"。

"类"是指对象的抽象过程，在面向对象编程中，所有的事物都可以被看作是对象。例如，VR/AR游戏中的角色和武器都可以被看作是对象，并且这些对象都具备不同的属性特征和能力，如角色的属性特征是身高、体重、年龄等，它所具备的能力是奔跑、跳跃、吃饭等；武器所具备的属性特征是质量、长度、稀有度等，它所具备的能力是提升角色10点生命值上限、提升角色10点奔跑速度、对敌方造成15点伤害等。这些属性特征和能力在C#语言中可以使用变量和函数来表示。

创作者在脚本中定义类时，需要根据这些对象所具备的属性特征和能力对对象进行抽象，定义类的变量和函数。例如，定义一个角色类，创作者需要根据角色这个对象所具备的属性特征和能力进行抽象。

这里有一点需要注意，每个类都需要有一个名称。因此在定义前，创作者需要先使用class关键字对类进行命名。类的名称（下文简称为类名）需要遵守变量的命名规则，并且要与脚本名保持一致，否则脚本将无法添加到物体对象上。类定义的通用语法形式如下。

```
Class 类名
{
private 变量类型 变量名；
public 变量类型 变量名；
private 返回值类型 函数名（参数类型 参数名，参数类型 参数名）
{
实现函数功能的代码
}
public 返回值类型 函数名（参数类型 参数名，参数类型 参数名）
{
实现函数功能的代码
}

}
```

默认情况下，创作者在创建脚本并进行脚本命名时，Unity会自动使用class关键字并根据脚本的名称对类进行命名。例如，脚本的名称为Script_1，那么类名就是Script_1，因此，创作者无须在脚本中再次使用class关键字对类的名称进行命名。命名完毕后，创作者即可在类名下方的大括号中，根据类的属性特征和能力，定义相应的变量和函数，如代码清单1所示。

代码清单1

```
01.      class Character: MonoBehaviour
02.      {
03.          public float Height;
04.          public float Weight;
05.          public int Age;
06.
07.          public void Run()
08.          {
09.              Debug.Log("角色正在奔跑");
10.          }
11.          public void Jump()
12.          {
13.              Debug.Log("角色正在跳跃");
14.          }
15.          public void Eat()
16.          {
17.              Debug.Log("角色正在吃饭");
18.          }
19.      }
```

第1行代码的作用：根据角色这个对象所具备的属性特征和能力进行抽象，定义了一个名为Character的类。

第3～5行代码的作用：Character类中定义了Height、Weight和Age变量，代表角色的身高、体重和年龄等属性特征。

第7～18行代码的作用：定义Run、Jump和Eat函数，分别代表角色的奔跑、跳跃和吃饭的能力。

类可以看作是对象的"蓝图"，在定义了类以后，创作者可以使用这张"蓝图"定义出任意数量的对象。对象定义的通用语法形式如下。

```
类名 对象名=new 构造函数();
```

例如，创作者可以使用在代码清单1中定义的Character类定义任意数量的角色对象，为此创作者需要使用new关键字和构造函数来定义对象。例如：

```
Character character=new Character();
```

上述代码使用了Character类，定义了一个角色对象character。其中，Character函数是Character类中的构造函数，它是定义对象的过程中必须调用的函数，作用是初始化类中定义的变量。创作者可以在构造函数中编写用于初始化变量的代码。构造函数和普通函数的区别在于构造函数没有返回值，并且构造函数的名称由定义的类名决定。例如，创作者定义的类名为Warrior，那么构造函数的名称就是Warrior。

创作者可以在构造函数的小括号中定义不同类型的参数，并在构造函数的大括号中使用这些参数对类中定义的变量进行初始化。例如，定义两个float类型和一个int类型的构造函数，分别对Character类中定义的Height、Weight、Age变量进行初始化，如代码清单2所示。

代码清单2
```
01.      public Character(float h,float w,int a)
02.      {
03.          Height=h;
04.          Weight=w;
05.          Age=a;
06.      }
```

这里有一点需要注意，一个类可以拥有多个不同的构造函数，而这些构造函数之间的不同在于参数的数量和类型，创作者不可以在类的大括号中定义参数数量以及参数类型都相同的构造函数，即不可以出现代码清单3所示的错误。

代码清单3
```
01.      public Character(float h,float w)
```

```
02.         {
03.             ...
04.         }
05.         public Character(float h,float w)
06.         {
07.             ...
08.         }
```

也就是说，每个构造函数的参数数量和参数类型都需要保持不同，正确做法如代码清单4所示。

代码清单4
```
01.         public Character()
02.         {
03.             ...
04.         }
05.         public Character(float h,float w)
06.         {
07.             ...
08.         }
09.         public Character(float h,float w,int a)
10.         {
11.             ...
12.         }
```

此外，创作者向构造函数中传入的参数只能是相应类型的数值，只有在向构造函数传入这些数值后，才可以在构造函数中使用这些数值对类中定义的变量进行初始化，并且传入数值的数量和类型决定了调用的构造函数。例如，在使用Character类定义对象时，创作者向构造函数中传入了两个float类型的数值，以及一个int类型的数值，那么调用的构造函数则是代码清单4中拥有3个参数，并且参数类型分别为float和int的构造函数。这个构造函数的具体调用过程如下。

```
Character character=new Character(172,130,19);
```

在定义对象后，创作者可以通过使用C#语言中的成员运算符"."调用类中定义的变量和函数来实现VR/AR产品中的功能。例如，在定义了Character类的对象character后，创作者只需在对象名后使用成员运算符"."并写上在Character类中定义的变量和函数的名称，即可对Character类中的变量和函数进行调用。调用类中变量和函数的通用语法形式如下。

```
对象名.变量名;
对象名.函数名;
```

调用类中变量和函数的具体示例如代码清单5所示。

```
代码清单5
01.     private  void Start()
02.     {
03.          character.Height=10;
04.          character.Weight=150;
05.
06.          character.Jump();
07.          character.Run();
08.     }
```

注意：变量和函数的访问权限决定了对象是否能够调用它们，只有访问权限为public的变量和函数，才可以通过成员运算符"."进行调用，而访问权限为private的变量和函数则不可以调用。

5.1.2 Unity 中面向对象的运用

在Unity中，主要是通过脚本调用组件中定义的变量和函数。本节主要讲解如何使用组件实现面向对象。

在Unity中，在Inspector窗口中为物体对象添加的组件实质上是由相应的类定义而来的，类名和组件名相同。例如，定义Rigidbody组件的类名为Rigidbody，定义BoxCollider组件的类名为BoxCollider，依次类推，这些类（指代定义组件的类）均由Unity自动创建的脚本中定义而来，并且创作者无法看到这些脚本，但是创作者可以在自己创建的脚本中，借助这些组件来调用类（指定义组件的类）中定义的函数和变量，以实现VR/AR产品的功能。

这里读者可能会有一个疑惑，既然说组件是由类而来，那为什么要称它们为组件呢？不是应该把它们称为Rigidbody对象、BoxCollider对象、SpriteRenderer对象吗？这里笔者补充一个常识，在使用Unity 进行VR/AR产品功能的创作过程中，组件被分成了两个状态，这两个状态实质上是使用相同的类（指定义组件的类）在不同的地方定义了对象后所产生的两种结果。

一种结果产生在创作者为物体对象添加组件时。创作者在Inspector窗口中为物体对象添加组件的过程实质上是使用类（指定义组件的类）定义了一个对象，整个定义的过程发生在Unity的界面下，而不是在脚本中。例如，若创作者添加的是Rigidbody组件，那么就是使用Rigidbody类定义了一个Rigidbody类型的对象；若创作者添加的是BoxCollider组件，那么就是使用BoxCollider类定义了一个BoxCollider类型的对象。定义对象的结果会以参数面板的形式显示在Inspector窗口中，参数面板中显示的属性由定义组件的类决定，创作者可以通过设置参数面板中的属性来设计VR/AR产品的功能，如图5-1所示。对于这种在Inspector窗口中定义的对象，通常将其称为组件。

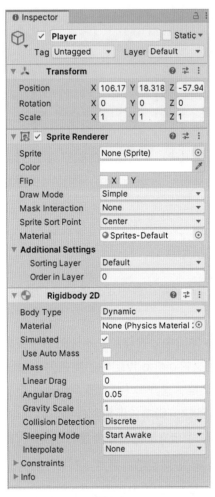

图5-1

另一种结果则是产生在创作者自己创建的脚本中。创作者可以在自己创建的脚本中使用和组件相同名称的类，定义一个相同类型的对象。例如，使用Rigidbody类定义一个Rigidbody类型的对象，使用BoxCollider类定义一个BoxCollider对象，依次类推。这种创作者在自己脚本中使用和组件相同名称的类所定义出来的组件才会被称为对象。

两者之间的区别在于实现VR/AR产品功能的方式。在创作者自己创建的脚本中，创作者需要在类（指定义组件的类）中定义了对象（指使用定义组件的类定义的对象）后，使用这些对象来调用类中定义的变量和函数，以此来实现VR/AR产品的功能。这里有一点值得一提，创作者并不知道这些类中定义的变量和函数都有哪些，也不知道它们的作用是什么，为此创作者可以进入Unity的官方帮助文档中，通过输入类的名称来查看类中定义的变量和函数，以及这些变量和函数的作用。方法：在Unity的界面中执行"Help"→"Scripting Reference"命令，如图5-2所示。此时Unity会自动启动计算机中默认的浏览器，并在浏览器中显示官方帮助文档的界面。

图5-2

进入Unity的官方帮助文档界面后，在搜索栏中输入需要查看的类名并按"Enter"键进行搜索，即可在搜索结果列表中查看这个类中所定义的函数和变量。目前，Unity官方的帮助文档只有英文版，如图5-3所示。

图5-3

Unity中常用的类及其作用如表5-1所示。

表5-1

类名	作用
Transform（变换组件类）	控制物体对象的位移、旋转角度、缩放倍数
Rigidbody（刚体组件类）	控制物体对象的重力、阻力等
GameObject（物体对象类）	控制物体对象的隐藏、显示、销毁、生成
Animator（动画状态机类）	控制动画片段之间的过渡

在理解组件的两种状态的区别，以及实现功能的方式后，接下来将讲解如何在自己创建的脚本中通过这些对象来调用类中定义的变量和函数。在调用类中定义的变量和函数实现VR/AR产品的功能前，创作者需要确保物体对象已经添加了相关的组件。例如，当需要调用Rigidbody类中定义的变量和函数实现VR/AR游戏的某一功能时，创作者就需要确认物体对象在Inspector窗口中已经添加了Rigidbody组件。

确认无误后，创作者才可以在自己创建的脚本中使用相关的类来定义对象。例如，物体对象上已经添加了Rigidbody组件，此时创作者就可以在自己创建的脚本中使用Rigidbody类定义一个Rigidbody类型的对象。定义完毕后，创作者需要初始化对象，为此需要调用GetComponent函数，并向函数中传入相应的类名作为参数。例如，创作者定义的是一个Rigidbody类型的对象，为此创作者需要在GetComponent函数中传入Rigidbody作为参数来初始化对象，如代码清单6所示。

```
代码清单6
01.      private Rigidbody rig;
02.
03.      private void Start()
04.      {
05.          rig=GetComponent<Rigidbody>();
06.      }
```

上述代码定义了一个Rigidbody类型的对象rig，并在Start函数中调用了GetComponent函数初始化了对象。初始化完毕后，创作者即可在对象的名称"rig"后，使用成员运算符"."调用Rigidbody类中定义的变量和函数。例如，调用Rigidbody类中定义的mass变量，对物体对象的重量进行设置，让物体对象在重力下降的过程中变得更快或更慢；或者调用AddForce函数为物体对象添加一个向前的力，让物体对象发生位移，在这个过程中创作者需要做的是调用AddForce函数并传入一个Vector3类型的变量（表示位移方向的变量）指定位移的方向，即可控制物体对象向前位移。创作者无须知晓函数大括号中用于定义函数功能的代码，这大幅度降低了实现VR/AR产品功能的难度。调用mass变量和AddForce函数的代码如代码清单7所示。

```
代码清单7
01.      private void Update()
02.      {
03.          rig.mass=10f;
04.
05.          rig.AddForce(new Vector3(0,0,1));
06.      }
```

5.2 脚本的工作机制——生命周期函数

在Unity中,对代码在脚本中的编写位置有明确的规定,就是Unity不会执行处在生命周期函数之外的代码,所有实现VR/AR产品功能的代码都必须放在生命周期函数的大括号中,并且这些生命周期函数的作用以及执行的顺序也各不相同,创作者需要根据代码实现的功能类型,将它们放在相应的生命周期函数中。本节将讲解几种常用的生命周期函数的用法。

5.2.1 Awake 和 Start——初始化变量数值的函数

Awake函数和Start函数是执行顺序较为靠前的两个生命周期函数,其中Awake函数会在Start函数之前被执行,并且在整个程序运行的过程中,Awake函数和Start函数只会被执行一次。Awake函数和Start函数常用于初始化脚本中定义的变量和对象,创作者可以选择两者中的任意一者来进行变量和对象的初始化。具体应用示例如代码清单8所示。

```
代码清单8
01.      private void Awake()
02.      {
03.          rig=GetComponent<Rigidbody>();
04.      }
05.      private void Start()
06.      {
07.          speed=10f;
08.      }
```

5.2.2 Update 和 FixedUpdate——更新 VR/AR 产品功能画面的函数

Update和FixedUpdate是用于更新VR/AR产品功能画面的函数,它们的执行顺序在Awake函数和Start函数之后,其中Update函数会在FixedUpdate函数之前执行。在整个程序的运行过程中,Update和FixedUpdate函数会不断地被执行直到程序停止运行,并且两者被持续执行的频率也各不相同。Update函数的执行会受画面刷新频率的影响,画面每更新一帧,Update函数被执行一次。而FixedUpdate则是固定每0.02秒就会被执行一次,执行的频率相较于Update函数而言更加稳定。

由于两者都是持续执行的函数,因此VR/AR产品中一些会持续发生变化,以及满足特定条件以后才会执行的代码,通常会放在Update和FixedUpdate函数中。例如,物体对象的位移,以及使用Switch语句根据循环变量的数值执行不同条件下的代码,如代码清单9所示。

代码清单9

```
01.     private void Update()
02.     {
03.         switch (choice)
04.         {
05.             case 0:
06.                 Debug.Log("角色释放的技能: 冰霜");
07.                 break;
08.             case 1:
09.                 Debug.Log("角色释放的技能: 火球");
10.                 break;
11.             case 2:
12.                 Debug.Log("角色释放的技能: 缠绕");
13.                 break;
14.             case 3:
15.                 Debug.Log("角色释放的技能: 剑气");
16.                 break;
17.         }
18.     }
```

5.3 Unity中常用的变量和函数

为了降低VR/AR产品开发的工作量，提高创作效率，Unity中定义了许多功能丰富的变量和函数，创作者只需在脚本中灵活运用这些变量和函数，即可轻松实现一些特定功能。本节将讲解Unity中常用的变量和函数的用法。

5.3.1 常用的变量

Unity中常用的变量有Time.deltaTime和Time.TimeScale两种，它们是和时间相关的变量，本节将讲解这两种变量在VR/AR产品设计中的实际用途。

1. Time.deltaTime变量

由于设备之间硬件配置的差异，VR/AR产品在不同设备上运行的画面刷新速度也都各不相同，这时就会发现，VR/AR产品在画面刷新速度快的设备上运行时，物体对象的位移速度要快于在画面刷新速度慢的设备上运行的位移速度。

例如，位移速度为10米/秒的物体对象，分别在画面刷新速度为50帧/秒和30帧/秒的设备上运行时，前者由于画面在1秒内更新50帧，相当于物体对象在1秒内进行了50次的位移，每次位移的距离为10米，因此物体对象1秒内位移了500米。同理，物体对象在画面刷新速度为30帧/秒的设备上运行时，由于受到画面刷新速度的影响，物体对象1秒内就会位移300米。可见画面的刷新速度对物体对象位移的影响，为了解决这个差异，Unity中定义了Time.deltaTime这个变量。

Time.deltaTime变量用于表示时间变量，变量的数值会自动根据画面的刷新速度进行调整。例如，当前画面的刷新速度为30帧/秒，那么变量Time.deltaTime的数值为1/30，而如果画面的刷新速度为50帧/秒，那么变量的数值就为1/50，依次类推。创作者只需在设置物体对象位移的速度时，使用变量Time.deltaTime进行乘法运算，即可让物体对象在不同画面刷新速度的设备下运行时保持相同的位移速度。

例如，一个位移速度为10米/秒的物体对象，分别在画面刷新速度为120帧/秒和180帧/秒的设备上运行时，位移会被分别扩大120倍和180倍，此时创作者只需使用变量Time.deltaTime，在位移被扩大120倍和180倍的基础上，再进行一次乘法运算，即可让物体对象恢复到10米/秒的位移，具体的计算过程如下。

画面刷新速度为120帧/秒的设备：位移 $= \dfrac{1}{120} \times 120$ 帧/秒 $\times 10$ 米/秒

画面刷新速度为180帧/秒的设备：位移 $= \dfrac{1}{180} \times 180$ 帧/秒 $\times 10$ 米/秒

2. Time.TimeScale变量

变量Time.TimeScale是用于控制时间流逝速度的变量，变量的数值决定了时间流逝的快慢。例如，变量的数值等于1时，时间以正常的速度流逝；变量的数值等于2时，时间以正常速度的两倍流逝；而当变量的数值等于0时，时间将会停止流逝，VR/AR产品中的所有活动也将停止，因此变量Time.TimeScale常用于实现VR/AR产品中的暂停功能。

5.3.2 常用的函数

Unity中常用的函数有Instantiate、Destroy和SetActive。其中Instantiate和Destroy函数分别用于控制物体对象的生成和销毁，SetActive函数用于控制物体对象的隐藏和显示。

1. Instantiate函数

在VR/AR产品中经常会出现需要重复利用，但只在特定时刻才会出现的物体对象。例如在第一人称类型的VR/AR游戏中，角色开枪时射出的子弹，或者在角色扮演类型的VR/AR游戏中，角色释放技能时产生的粒子特效等。为此Unity中定义了Instantiate函数，创作者只需向Instantiate函数传入GameObject类型的对象作为参数，即可在场景中生成相应的物体对象。

在调用Instantiate函数前，创作者需要在Hierarchy窗口中把物体对象拖曳到Project窗口，将其制作成一个Prefab（预置物体），如图5-4所示。

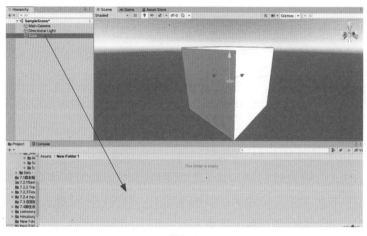

图5-4

Prefab是一种可重复使用的资源，创作者可以在脚本中通过调用Instantiate函数，在VR/AR产品中生成任意数量的Prefab。例如，在图5-5中，在将Hierarchy窗口中的Cube物体对象（Scene窗口中的立方体）制作成Prefab后，创作者可以调用Instantiate 函数在VR/AR产品中生成任意数量的Cube物体对象。Prefab在Project窗口中显示的图标为该物体对象在Scene窗口中显示的画面。

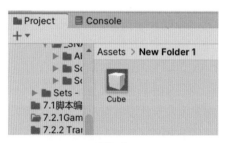

图5-5

在将物体对象制作成Prefab后，创作者需要创建一个脚本，在脚本中获取Prefab后，使用Instantiate函数生成物体对象。为此，创作者需要在脚本中定义一个访问权限为public的GameObject类型的对象GO，此时Inspector窗口中会出现一个GO对象的属性。在Project窗口中选择相应的Prefab并拖曳到GO对象的属性中（见图5-6），初始化GO对象，以此在脚本中获取相应的Prefab，实现代码如下。

```
public GameObject GO;
```

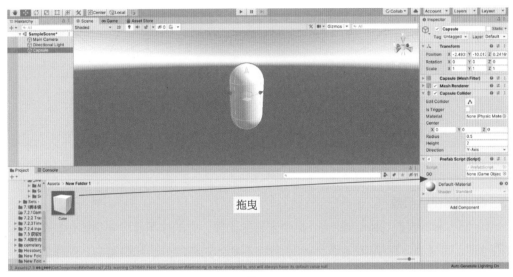

图5-6

初始化完毕后，创作者即可将GO对象作为参数传入到Instantiate函数中，如代码清单 10所示。

```
代码清单10
01.        private void Awake()
02.        {
03.            Instantiate(GO);
04.        }
```

提示 在VR/AR产品中生成与Perfab相对应的物体对象，物体对象的生成数量由Instantiate函数的调用次数决定，为此创作者可以将Instantiate函数放在循环语句中，控制Instantiate函数被重复调用，以此生成更多数量的物体对象。

2. Destroy函数

Destroy函数的作用是将场景中存在的物体对象销毁掉，让物体对象永久地从画面中消失。在调用Destroy函数前，创作者需要在脚本中定义一个GameObject类型的对象，并在初始化该对象后，才可以将其作为参数传入到Destroy函数中。

为此，创作者需要定义一个访问权限为public的GameObject对象Obj，然后为脚本在Inspector窗口中增加一个属性，从Hierarchy窗口中选中相应的物体对象后，将该物体对象拖曳到该属性上，以获取这个物体对象，并对Obj对象进行初始化。

在对Obj对象进行初始化后，创作者即可将Obj对象作为参数传入到Destroy函数中，并单击 ▶ 按钮运行VR/AR产品，把在Scene窗口中和Obj对象相对应的物体对象销毁，如代码清单11所示。

```
代码清单11
01.      public GameObject Obj;
02.
03.      private void Awake()
04.      {
05.          Destroy(Obj);
06.      }
```

3. SetActive函数

SetActive函数是在GameObject类中定义的函数，它的作用是控制物体对象在场景中的显示和隐藏。同样的，在使用SetActive函数控制物体对象的显示和隐藏前，创作者需要先使用一个GameObject类型对象，并对其进行初始化后，才可以调用SetaActive函数。当创作者在获取物体对象并对GameObject对象进行初始化后，即可通过成员运算符调用SetActive函数控制相应物体对象的显示和隐藏。物体对象的显示和隐藏由传入的参数值决定，当传入的参数值为true时，物体对象会在画面中显示；传入的参数值为false时，物体对象会被隐藏，如代码清单12所示。

```
代码清单12
01.      public GameObject OBJ;
02.
03.      private void Awake()
04.      {
05.          OBJ.SetActive(false);
06.      }
```

注意：true或false是bool类型数据，bool是C#语言中的一种数据类型，用于设置条件判断语句或循环语句的执行条件。用于存储bool类型数据的变量被称为bool变量。由于bool变量在条件判断语句或循环语句中设置执行条件的方法一样，因此这里仅以条件判断语句为例进行讲解。

当创作者直接使用bool变量的名称来设置执行条件时，其表示的含义是当bool变量的数值为true时，执行条件才成立，如代码清单13所示。

代码清单13

```
01.     private void Start()
02.     {
03.         if (IsJump)
04.         {
05.             Debug.Log("角色跳跃到了空中");
06.         }
07.     }
```

如果在变量名称的前面使用了"！"运算符，则表示变量的数值为false时，执行条件才成立，如代码清单14所示。

代码清单14

```
01.     private bool IsRun;
02.
03.     private void Start()
04.     {
05.         if (!IsRun)
06.         {
07.             Debug.Log("角色还处在原地待命的状态，并没有开始奔跑");
08.         }
09.     }
```

5.4 常见的脚本错误和调试方法

在VR/AR产品开发的过程中，经常会因为脚本中的代码编写不规范而导致代码无法执行。本节将讲解3种初学者在脚本中编写代码时可能会犯的错误，以及遇到该种错误时的调试方法。

5.4.1 C#的语法错误

代码有中文字符，函数、条件判断语句或循环语句的大括号不匹配等，这些都是C#初学者常犯的错误，Visual Studio会使用红色的波浪线在代码出错的位置进行标注，以此来提醒创作者，并且当创作者将鼠标指针放置在有错误的代码上时，Visual Studio还会显示相应的修改建议。例如，在图5-7中，提示代码末尾的分号为中文字符，创作者删除中文字符的分号，并在英文输入法下重新输入一个分号即可。

图5-7

5.4.2 对象没有进行初始化

对象没有进行初始化是指创作者在没有使用GetComponent函数初始化对象的情况下调用类（指定义组件的类）中定义的变量和函数，在此情况下，Unity不会执行调用脚本中的变量和函数的指令，并且还会在Console窗口中报错误，提醒对象没有进行初始化，如图5-8所示。

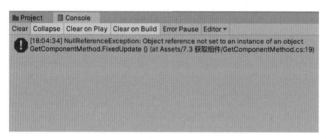

图5-8

因此，创作者在脚本中调用组件的属性和函数前，需要使用GetComponent函数对相应的变量和函数进行初始化。

5.4.3 无法添加脚本

若脚本名和脚本在Visual Studio内部的类名不一致，创作者向物体对象添加该脚本时，Unity会给出脚本无法添加的提示，如图5-9所示。此时需要先检查脚本在Project窗口中的文件名，该脚本名称为TestScrpt，如图5-10所示。

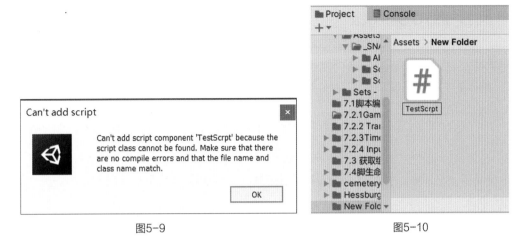

图5-9   图5-10

然后检查脚本在Visual Studio内部的类名，如代码清单15所示。可以发现类名为TestScript123。

```
代码清单15
01.        public class TestScript123 : MonoBehaviour
02.        {
03.            private void Start()
04.            {
05.
06.            }
07.            private void Update()
08.            {
09.
10.            }
11.        }
```

可以看到，脚本在Project窗口中显示的脚本名为TestScrpt，这与Visual Studio内部显示的名称TestScript123不完全一致，将两者修改一致即可。因此，创作者在添加脚本时，需要保证脚本在Project窗口和Visual Studio中的名称一致。

5.5 同步强化模拟题

1. 脚本的名称为 Script_1，那么类名就是（ ），因此，无须在脚本中再次使用 Class 关键字对类的名称进行命名。

A．Script　　　　B．Script_1　　　　C．Script1　　　　D．Script1_

2. 在 Inspector 窗口中为物体对象添加（ ）的过程，实质上就是使用类（指代定义组件的类）定义了一个对象，整个定义的过程发生在 Unity 的界面下，而不是在脚本中。

A．组件　　　　B．触发　　　　C．对象　　　　D．VR

3. Time.deltatime 变量用于表示（ ）增量，变量的数值会自动地根据画面的刷新速度进行调整。

A．尺寸　　　　B．时间　　　　C．地点　　　　D．大小

4. Prefab 是一种可重复运用的资源，可以在脚本中通过调用（ ）函数，在游戏中生成任意数量的 Prefab。

A．Instantiate　　B．SetActive　　　C．Destroy　　　　D．Hierarchy

二、多选题

1. Unity 中常用的变量有（ ）两种，它们是 VR/AR 产品功能中和时间相关的变量。

A．Time.deltaTime　　　　　　　B．Time.TimeScale

C．Instantiate　　　　　　　　　D．Destroy

2. Unity 中常用的函数有 Instantiate、Destroy 和 SetActive。其中 Instantiate 和 Destroy 函数分别用于控制物体对象的生成和销毁，SetActive 函数用于控制物体对象的（ ）和（ ）。

A．大小　　　　B．隐藏　　　　C．显示　　　　D．角度

3. 物体对象的显示和隐藏由传入的参数值决定，当传入的参数为（ ）时，物体对象会在画面中显示；当传入的参数为（ ）时，物体对象则会被隐藏。

A．true　　　　B．bool　　　　C．false　　　　D．void

三、判断题

1. 类是指对象的抽象过程，在面向对象编程中，所有的事物都可以被看作是对象。（ ）

2. 每个类都需要有一个名称，因此在定义前，创作者需要先使用 class 关键字对类进行命名。（ ）

3. 创建脚本并进行脚本命名时，Unity 不会自动使用 class 关键字根据脚本的名称对类进行命名。（ ）

第 **6** 章

VR/AR产品中的3D数学

3D数学是一门与计算几何相关的学科，在VR/AR产品中通常用于模拟现实世界的各种空间关系，例如物体对象的位置、位移、旋转角度等。本章将讲解3D数学中的笛卡儿坐标系、Vector对象、向量和三角函数等知识。通过本章的学习，读者能够掌握在Unity中利用3D数学知识控制物体对象的位置、位移和旋转角度的方法。

6.1 笛卡儿坐标系和Vector变量

笛卡儿坐标系是VR/AR世界中用来表示物体对象的位置、位移和旋转角度的参照物。在VR/AR世界中，笛卡儿坐标系被分为2D和3D两种。其中，2D笛卡儿坐标系是表示2D物体对象的位置、位移和旋转角度的参照物，如图6-1所示。

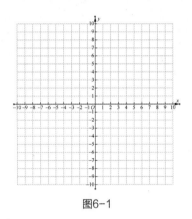

图6-1

2D物体对象在2D笛卡儿坐标系中的位置、位移和旋转角度可以用（x,y）表示，其中x和y表示的含义如下。

● 当用（x,y）表示2D物体对象的位置时，所表示的含义为物体对象在x轴和y轴的位置。

● 当用（x,y）表示2D物体对象的位移时，所表示的含义为物体对象在x轴和y轴上的位移。

● 当用（x,y）表示2D物体对象的旋转角度时，所表示的含义为物体对象在x轴和y轴上的旋转角度。

为了能够在VR/AR的世界中控制2D物体对象的位置、位移和旋转角度，Unity定义了一个Vector2类，创作者可以在脚本中使用Vector2类定义一个Vector2对象来表示2D物体对象的位置、位移和旋转角度。

Vector2对象和（x,y）表示2D物体对象的位置、位移和旋转角度的方法一样，即Vector2对象的x和y分量分别代表2D物体对象在x轴、y轴上的位置、位移和旋转角度，因此创作者在脚本中定义Vector2对象时，需要在Vector2的构造函数上传入两个int或float类型的数值，用于定义2D物体对象在x轴、y轴上的位置、位移或旋转角度。定义Vector2对象的一般形式如下。

```
Vector2 对象名=new Vector2（数值1,数值2）
```

应用示例如代码清单1所示。

```
代码清单1
01.      private void Start()
02.      {
03.          Vector2 pos=new Vector2(3,4);
04.      }
```

3D笛卡儿坐标系与2D笛卡儿坐标系相似，不同之处在于3D笛卡儿坐标系多了一条z轴，如图6-2所示。

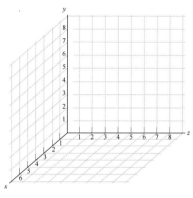

图6-2

3D笛卡儿坐标系是表示3D物体对象的位置、位移和旋转角度的参照物。3D物体对象的位置、位移和旋转角度，可在3D笛卡儿坐标系中用（x,y,z）表示，其中x、y和z分量分别代表3D物体对象在x轴、y轴和z轴上的位置、位移和旋转角度，详细含义如下。

● 当用（x,y,z）表示3D物体对象的位置时，所表示的含义为物体对象在x轴、y轴、z轴的位置。

● 当用（x,y,z）表示3D物体对象的位移时，所表示的含义为物体对象在x轴、y轴、z轴上的位移。

● 当用（x,y,z）表示3D物体对象的旋转角度时，所表示的含义为物体对象在x轴、y轴、z轴上的旋转角度。

为了能够在VR/AR的世界中控制3D物体对象的位置、位移和旋转角度，Unity定义了Vector3类，创作者可以在脚本中使用Vector3类定义一个Vector3对象来表示3D物体对象的位置、位移和旋转角度。

Vector3对象和（x,y,z）表示3D物体对象的位置、位移和旋转角度的方法一样，即x、y、z

分量分别代表3D物体对象在x轴、y轴、z轴上的位置、位移和旋转角度，因此创作者在脚本中定义Vector3对象时，需要在Vector3的构造函数中传入3个int或float类型的数值，用于定义3D物体对象在x轴、y轴、z轴上的位置、位移和旋转角度。定义Vector3对象的一般形式如下。

```
Vector3 对象名=new Vector3（数值1,数值2,数值3）
```

具体示例如代码清单2所示。

```
代码清单2
01.      private void Start()
02.      {
03.          Vector3 pos=new Vector3(5,5,4);
04.      }
```

6.2 世界坐标系和局部坐标系

为了方便计算物体对象的位置、位移和旋转角度，3D数学基于笛卡儿坐标系提出了世界坐标系和局部坐标系，两者都是表示物体对象的位置、位移和旋转角度的参照物，并且它们的使用方法和笛卡儿坐标系相同。其中，世界坐标系是指VR/AR场景中的坐标系，局部坐标系是指VR/AR场景中的每个物体对象自己的坐标系。例如，在图6-3中，较大的坐标系为世界坐标系，物体对象上的坐标系为局部坐标系。

世界坐标系和局部坐标系同样会被分为2D和3D两种。其中2D世界坐标系和2D局部坐标系是表示2D物体对象的位置、位移和旋转角度的参照

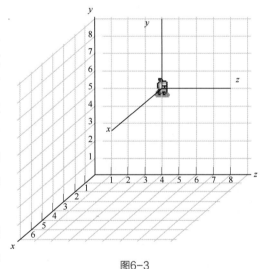

图6-3

物，3D世界坐标系和3D局部坐标系则是表示3D物体对象的位置、位移和旋转角度的参照物。由于VR/AR产品的创作通常是在3D类型的工程文件中进行，因此这里主要以3D世界坐标系和3D局部坐标系为例进行讲解。

在3D局部坐标系中，通常以另一个物体对象上的局部坐标系作为参照物来设置某物体对象的位置、位移和旋转角度。例如，在图6-4中，存在的物体对象分别是骑士和小怪，其中设

置小怪位置的参照物是骑士的局部坐标系，小怪在骑士的局部坐标系中的位置为（3,4,4），表示的含义是小怪相对于骑士的位置在（3,4,4）。

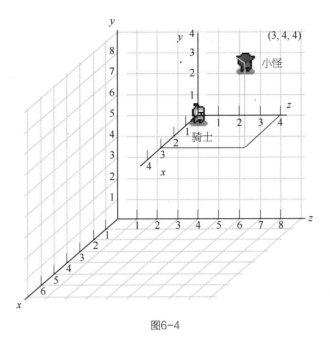

图6-4

在Unity中，如果想让物体对象以另一个物体对象的局部坐标系为参照物来设置该物体对象的位置、位移和旋转角度，就需要建立两者之间的父子关系结构。例如，在图6-4中，如果想以骑士的局部坐标系为参照物来设置小怪的位置、位移和旋转角度，那么创作者就需要在Hierarchy窗口中，将小怪设置为骑士的子物体对象，其中knight为骑士，goblin为小怪，如图6-5所示。

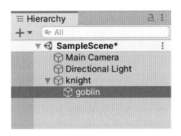

图6-5

为了能够控制物体对象在局部坐标系中的位置和旋转角度，创作者可以在脚本中使用相关的变量来获取物体对象在局部坐标系中的位置和旋转角度。常用的变量及其作用如表6-1所示。

表6-1

变量	作用
Transform.localPosition	获取物体对象在局部坐标系中的位置
Transform.localRotation	获取物体对象在局部坐标系中的旋转角度

在世界坐标系中，通常以场景为参照物来设置物体对象的位置、位移和旋转角度。例如，在图6-6中，存在的物体对象分别是骑士和小怪。其中，小怪在世界坐标系中的位置为（3,8,8），表示的含义是小怪相对于场景所在的位置为（3,8,8）。

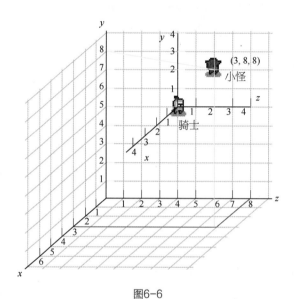

图6-6

和局部坐标系不同，在世界坐标系中，无须建立物体对象之间的父子关系，物体对象只需在Hierarchy窗口中保持默认的关系状态即可。

为了能够控制物体对象在世界坐标系中的位置和旋转角度，创作者可以在脚本中使用相关的变量来获取物体对象在世界坐标系中的位置和旋转角度。常用的变量及其作用如表6-2所示。

表6-2

变量	作用
Transform.Position	获取物体对象在世界坐标系中的位置
Transform.Rotation	获取物体对象在世界坐标系中的旋转角度

局部坐标系和世界坐标系分别适用于不同的场合，创作者需要根据VR/AR产品中的实际需求进行选择，这里以VR/AR游戏中的两个实际案例为例进行讲解。

案例1：计算子弹从枪口出发到敌人所在位置的位移。此时，子弹位移的参照物是敌人，所以创作者需要选择敌人的局部坐标系作为子弹位移的参照物。

案例2：计算角色从场景中的A点到场景中的B点的位移。此时角色位移的参照物是场景，所以创作者应该选择世界坐标系作为角色位移的参照物。

6.3 向量

在VR/AR产品中，向量通常用于表示物体对象的位移和旋转角度，这里先讲解如何使用向量表示物体对象的位移，如何表示物体对象的旋转角度的内容会在6.4节中进行讲解。

6.3.1 什么是向量

在3D数学中，向量是具有方向和大小的量。向量在笛卡儿坐标系中，是用一条有向线段表示的，线段的箭头指向表示向量的方向，线段的长度表示向量的大小。例如，在图6-7中，带箭头的线段就是有向线段，它是一个从3D笛卡儿坐标系的原点（0,0,0）出发，指向物体对象所在位置（3,7,8）的向量，其中，原点（0,0,0）表示向量的起点，物体对象所在的位置（3,7,8）表示向量的终点，该向量可由原点（0,0,0）和物体对象所在位置（3,7,8）的x、y、z分量减法运算后求出，即使用物体对象的位置（3,7,8）减去原点（0,0,0），求出的向量数值为（3,7,8），这个数值表示的含义是一个物体对象从原点位置出发，向x轴、y轴、z轴分别位移了3、7、8的距离后到达了（3,7,8）这个位置，位移的方向和距离由有向线段的箭头所指的方向和线段的长度决定。在不同的坐标系下，向量的长度的计算公式如下。

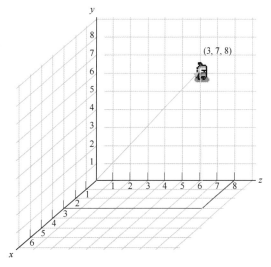

图6-7

- 在2D笛卡儿坐标系中，向量的长度 $= \sqrt{a^2 + b^2}$。

- 在3D笛卡儿坐标系中，向量的长度 $= \sqrt{a^2 + b^2 + c^2}$ 。

在上述公式中，a、b、c 分别代表向量终点位置 x、y、z 的数值，把向量终点（3,7,8）代入公式后，可求出向量的长度约等于11，即物体对象从原点（0,0,0）出发向坐标位置（3,7,8）运动的距离为11。

在6.1小节中讲解过，Vector2和Vector3对象除了在脚本中表示2D物体对象和3D物体对象的位置外，还可以表示2D物体对象和3D物体对象的位移和旋转角度，也就是使用Vector2和Vector3对象表示一个用于控制2D物体对象和3D物体对象的位移和旋转角度的向量。由于表示物体对象旋转的角度需要用到三角函数的知识，因此这里会先讲解如何使用Vector2和Vector3对象表示物体对象的位移。

由于Vector2和Vector3对象表示位移的方法大同小异，因此这里以Vector3对象为例进行讲解。用Vector3对象表示位移的一般形式如下。

Vector3 对象名=new Vector3（x轴方向的位移速度,y轴方向的位移速度,z轴方向的位移速度）

具体示例如代码清单3所示。

代码清单3
```
01.      private Rigidbody rig;
02.      private void Start()
03.      {
04.          rig=GetComponent<Rigidbody>();
05.      }
06.      private void Update()
07.      {
08.          float H=Input.GetAxisRaw("Horizontal");
09.          Vector3 movedir=new Vector3(H,0,0);
10.          rig.velocity=movedir;
11.      }
```

代码清单3是一段控制3D物体对象在左右方向上位移的代码，其关键代码的作用如下。

第1~5行代码的作用：由于控制3D物体对象进行位移时，需要调用3D刚体组件的velocity变量对位移的速度进行赋值。因此，创作者需要先给3D物体对象添加Rigidbody组件，并在脚本中使用GetComponent函数获取3D物体对象上的3D刚体组件。

第6~8行代码的作用：在获取了物体对象上的3D刚体组件后，创作者需要指定向量的方向和长度，用于控制3D物体对象的位移方向和速度。因此，创作者需要在脚本中调用Input.

GetAxisRaw（"Horizontal"）函数，并定义一个float类型的变量H来存储函数的返回值。Input.GetAxisRaw（"Horizontal"）函数会根据玩家按下按键的情况返回不同的数值。当玩家按下键盘中的"A"键时，函数的返回值为-1；按下键盘中的"D"键时，函数的返回值为1。每种返回值都表示一种位移方向。当函数的返回值为1时，表示3D物体对象向左位移；当函数的返回值为-1时，表示3D物体对象向右位移。

第9、10行代码的作用：在脚本中定义一个Vector3对象movedir，用于表示控制3D物体对象位移的向量，并在调用Vector3对象的构造函数对对象的数值进行初始化时，将存储Input.GetAxisRaw（"Horizontal"）函数返回值的变量H作为参数，传入Vector3对象的构造函数中，指定向量的方向和长度。这里有一点需要注意，Vector3对象的构造函数在不同位置上的参数代表3D物体对象在不同坐标轴上的位移，第一个参数代表3D物体对象在x轴上的位移，第二个参数代表3D物体对象在y轴上的位移，第三个参数代表3D物体对象在z轴上的位移。其中x轴上的位移，对应的是左右方向的位移；y轴上的位移，对应的是上下方向的位移；z轴上的位移，对应的是前后方向的位移。由于本案例实现的是控制3D物体对象在左右方向进行位移，因此创作者需要将变量H传给Vector3对象的构造函数的第一个参数，而第二个和第三个参数则设置为0。

在将变量H传入Vector3对象的构造函数中后，创作者只需使用movedir对象对3D刚体组件的velocity变量进行赋值。对3D物体对象的位移速度进行设置后，即可使用键盘中的"A"键和"D"键控制物体对象在左右方向上位移。

6.3.2 向量的运算

向量的运算包括向量的加法、减法、乘法以及除法，本节会详细讲解如何将这些运算运用在VR/AR产品设计中。

1．向量的加法和减法

对向量进行加法或减法运算，是指对向量的分量进行相加或相减运算，运算结果还是一个向量。根据向量的类型，向量的加法或减法的计算公式被分成了如下两种。

（1）2D笛卡儿坐标系中向量的加法和减法的计算公式。

- 向量的加法：$(x_1, y_1) + (x_2, y_2) = (x_1 + x_2, y_1 + y_2)$
- 向量的减法：$(x_1, y_1) - (x_2, y_2) = (x_1 - x_2, y_1 - y_2)$

（2）3D笛卡儿坐标系中向量的加法和减法的计算公式。

- 向量的加法：$(x_1,y_1,z_1) + (x_2,y_2,z_2) = (x_1+x_2,y_1+y_2,z_1+z_2)$

- 向量的减法：$(x_1,y_1,z_1) - (x_2,y_2,z_2) = (x_1-x_2,y_1-y_2,z_1-z_2)$

其中，向量的加法是以物体对象进行位移前的所在位置为参照物，控制物体对象的位移。

在图6-8中，有向量A、向量B和向量C，其中向量C是向量A和向量B经过向量加法得到的新向量，新向量所指的方向由向量相加的先后顺序决定，即新向量会从被加向量的起点出发，指向加向量的终点。由于向量C从向量A的起点出发，指向了向量B的终点，因此在向量的加法运算中，向量A为被加向量，向量B为加向量。

向量A的终点可以看作是物体对象进行位移前的位置，为了方便讲解，这里将物体对象进行位移前的位置称为位置A，而向量B的作用是控制物体对象从位置A出发，并沿着向量B所指的方向进行位移，最终抵达向量B的终点。

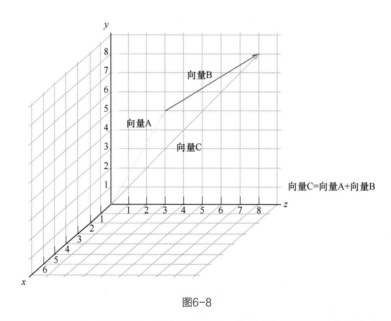

图6-8

在理解了向量的加法后，接下来在脚本中编写一段控制小怪向玩家所在位置位移的代码，如代码清单4所示。

```
代码清单4
01.     private void Update()
02.     {
03.         transform.position=transform.position+Vector3.right*Time.deltaTime;
04.     }
```

在代码清单4中，变量transform.position表示物体对象位移前的位置，变量Vector3. right表示物体对象沿3D笛卡儿坐标系 x 轴正方向进行位移。创作者在使用"+"运算符对变量 Vector3.right和变量transform.position进行向量的加法运算后，使用"="运算符将运算结果赋值给transform.position变量，即可控制物体对象从当前位置出发，沿 x 轴的正方向进行位移。为了避免物体对象的位移速度受到画面刷新频率的影响，创作者需要在进行向量的加法运算时，使用"*"运算符对Vector3.right变量和Time.deltaTime变量进行乘法运算。

变量Vector3.right除了用于表示物体对象沿 x 轴正方向进行位移外，还可以控制物体对象沿 x 轴的正方向进行旋转。除了变量Vector3.right以外，还有其他的变量也能用于控制物体对象位移和旋转的方向，如表6-3所示。

表6-3

变量	作用
Vector3.right	控制物体对象沿 x 轴正方向进行位移或旋转
Vector3.up	控制物体对象沿 y 轴正方向进行位移或旋转
Vector3.forward	控制物体对象沿 z 轴正方向进行位移或旋转
Vector3.left	控制物体对象沿 x 轴负方向进行位移或旋转
Vector3.down	控制物体对象沿 y 轴负方向进行位移或旋转
Vector3.back	控制物体对象沿 z 轴负方向进行位移或旋转

向量的减法表示物体对象以另一个物体对象所在的位置为参照物进行位移，常见的应用案例为VR/AR游戏中小怪追踪玩家。

在图6-9中，向量C是向量A和向量B进行减法运算后得到的新向量，新向量的方向由向量相减的先后顺序决定，即新向量会从被减向量的终点，指向减向量的终点。由于被减向量为向量A，减向量为向量B，因此向量C由向量A的终点位置，指向向量B的终点位置。

在这里向量A的终点可以看作是小怪的位置，向量B的终点可以看作是角色的位置，而从向量A的终点指向向量B的终点的

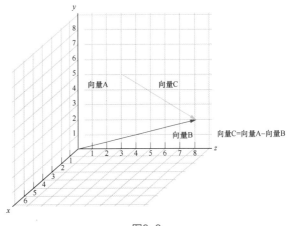

图6-9

向量C则是控制小怪从自身当前位置出发，向角色所在位置进行位移的向量。

向量减法的一般形式如下。

向量C=向量A－向量B

在理解了向量的减法后，接下来在脚本中编写一段控制小怪向角色所在位置位移的代码，如代码清单5所示。

```
代码清单5
01.        public Transform TargetPos;
02.        private void Update()
03.        {
04.            transform.Translate((TargetPos.position-transform.position)*Time.
deltaTime);
05.        }
```

在代码清单5中，在调用函数transform.Translate控制小怪进行位移前，需要在脚本中获取小怪和角色所在的位置，为此创作者需要在脚本中定义一个访问权限为public的Transform类型的对象TargetPos，用于获取角色上的Transform组件。在获取Transform组件后，访问对象TargetPos的TargetPos.position变量，并让TargetPos.position变量和transform.position变量进行向量的减法运算，再将向量减法的运算式传入transform.Translate函数中，以求出小怪向角色所在位置进行位移的向量。最后为了避免物体对象的位移速度受到画面刷新频率的影响，创作者需要在向量减法的运算式的后面，使用"*"运算符让向量减法的运算式和Time.deltaTime变量进行乘法运算。

2. 向量的乘法和除法

对向量进行乘法或除法运算，是指将向量的各分量和一个标量进行乘法或除法运算，运算的结果还是一个向量。根据向量的类型，向量的乘法或除法的公式被分为两种，具体如下。

提示 标量是指只有大小没有方向的量。例如，1、3、4等数值都可以称作是标量。

（1）2D笛卡儿坐标系中向量的乘法和除法的计算公式。

● 向量的乘法：$(x_1,y_1)*a=(ax_1,ay_1)$

● 向量的除法：$(x_1,y_1)/a=(x_1/a,y_1/a)$

（2）3D笛卡儿坐标系中向量的乘法和除法的计算公式。

- 向量的乘法：$(x_1,y_1z_1)*a=(ax_1,ay_1,az_1)$

- 向量的除法：$(x_1,y_1z_1)/a=(x_1/a,y_1/a,z_1/a)$

向量的乘法和除法通常用于设置物体对象位移的速度，其中向量的乘法用于让位移的速度按照一定数值成倍地增大，向量的除法则是让位移的速度按照一定数值成比例地减小。

向量乘法的一般形式如下。

向量C=向量A*变量B

具体应用示例如代码清单6所示。

```
代码清单6
01.        public float Speed;
02.        private void Update()
03.        {
04.            transform.Translate(Vector3.right*Speed*Time.deltaTime);
05.        }
```

代码清单6的作用是调用transform.Translate函数来控制一个3D物体对象向前位移。各行代码的具体功能如下。

第1行代码的作用：定义一个float类型的变量Speed，用于设置3D物体对象的位移速度。

第2～5行代码的作用：向transform.Translate函数的参数中传入相应的参数值，这些参数值包括变量Vector3.right、变量Speed以及变量Time.deltaTime。其中，变量Vector3.right表示一个为（1,0,0）的向量，用于控制物体对象以1米/秒的速度向x轴的正方向位移；变量Speed则表示物体对象的位移速度。创作者可以通过对变量Vector3.right和变量Speed进行向量的乘法运算，来控制物体对象位移的速度。当变量Speed的数值大于1时，表示位移速度增大；当变量Speed的数值大于0且小于1时（如0.1、0.5），表示位移速度减小。这里将变量Speed的数值设置为5，并使用"*"运算符对它们进行向量的乘法运算，得出的新向量为（5,0,0），即物体对象的位移速度为5米/秒，此时的位移速度增大到了原来的5倍。最后为了避免物体对象的位移速度受到画面刷新频率的影响，创作者需要使用Time.deltaTime变量和向量进行乘法运算。

提示 创作者可在脚本中将变量Speed的访问权限设置为public，当要修改物体对象的位移速度时，只需在Inspector窗口中修改变量的数值即可。

在理解了向量的乘法运算后，我们把代码清单6中的"*"运算符替换成"/"运算符，让变量Vector3.right和变量Speed进行向量的除法运算。此时，创作者如果将变量Speed的数值设置为2，那么变量Vector3.right和变量Speed进行向量的除法运算后，所得到的新向量为（0.5,0,0），即物体对象的位移速度为0.5米/秒，这时物体对象的位移速度会减小为原来的一半。最后为了避免物体对象的位移速度受到画面刷新频率的影响，创作者需要使用Time.deltaTime变量和向量进行乘法运算。具体的实现代码如代码清单7所示。

```
代码清单7
01.        public float Speed;
02.        private void Update()
03.        {
04.            transform.Translate(Vector3.right/Speed*Time.deltaTime);
05.        }
```

6.3.3 向量的单位化

在使用向量控制物体对象进行移动时会出现一个问题，即物体对象无法进行匀速的位移，位移的速度会随着物体对象在位移的过程中不断降低，为此，创作者需要对向量进行单位化。

图6-10所示为小怪以骑士所在位置（0,6,5）为参照物进行位移的图，其中绿色的有向线段表示小怪进行位移的向量，该向量可由小怪所在的位置和骑士所在的位置进行向量的减法（骑士的位置－小怪的位置）求得，求得的向量数值为（0,6,5）。此时，使用向量长度的计算公式可以求出新向量的长度约等于8，即小怪以8米/秒的速度朝骑士所在的方向位移，但是这个位移速度并不会一直保持下去。随着小怪不停地移动，小怪和骑士之间的距离会变得越来越短，向量的长度也越来越短。

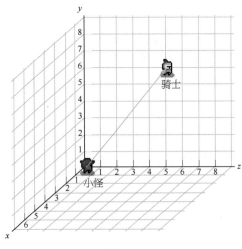

图6-10

图6-11所示为小怪向骑士所在位置位移一段时间后的图。从图中可以看到，小怪的位置从原来的（0,0,0）变成了（0,2,2），此时控制小怪位移的向量也变成了（0,4,3），向量的长度约等于5，即小怪以5米/秒的速度朝骑士所在位置的方向位移，位移的速度更慢了。

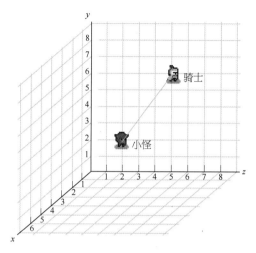

图6-11

因此，在设置小怪的位移速度前，创作者需要对向量进行单位化，将向量的长度转换为1，经过转换的向量只用来表示位移的方向，位移的速度则通过向量的乘法或除法进行设置。根据向量的类型，向量单位化的公式同样也被分为2D和3D两种，具体如下。

（1）2D向量的单位化公式：$(x,y)/\sqrt{x^2+y^2}$，其中$\sqrt{x^2+y^2}$为向量的长度。

（2）3D向量的单位化公式：$(x,y,z)/\sqrt{x^2+y^2+z^2}$，其中$\sqrt{x^2+y^2+z^2}$为向量的长度。

使用向量单位化的一般形式如下。

（向量A-向量B）.normalized

在理解了向量单位化的计算公式后，接下来实现控制小怪从原点（0,0,0）位置出发，向骑士所在的位置（0,6,5）匀速位移。如果未进行向量单位化，其实现代码如代码清单8所示。

```
代码清单8
01.     public Transform PlayerPos;
02.     private void MoveMethod_2()
03.     {
04.         transform.Translate(PlayerPos.position-transform.position*3*Time.
        deltaTime);
05.     }
```

代码清单8的作用是调用transform.Translate函数，控制小怪向骑士所在位置进行位移。在编写这段代码时，首先需要在脚本中定义一个Transform类的对象PlayerPos，用于获取骑士上的Transform组件。在使用PlayerPos对象获取Transform组件后，访问PlayerPos对象的PlayerPos.position变量，并在PlayerPos.position变量和transform.position变量进行减法运算后，将运算的结果作为参数传入transform.Translate函数中，即可控制小怪向骑士所在的位置进行位移，但此时小怪不是匀速位移。

为此，创作者需要使用小括号将PlayerPos.position变量和transform.position变量进行减法运算的计算式括起来，并通过成员运算符"."访问normalized变量，对向量进行单位化后，即可实现3D物体对象的匀速位移。具体的实现代码如代码清单9所示。

```
代码清单9
01.        private void MoveMethod_2()
02.        {
03.            transform.Translate((PlayerPos.position-transform.position).
normalized*3*Time.deltaTime);
04.        }
```

6.4 三角函数

在VR/AR产品设计中，常利用直角三角形函数来计算物体对象的旋转角度。

在图6-12所示的直角三角形中，三边长为a、b、c，它们对应的角分别是A、B、C，则有$\sin = a/c$，$\cos = b/c$，$\tan = a/b$。

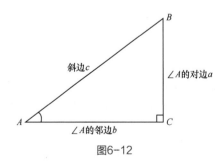

图6-12

本节主要讲解如何通过计算直角三角形的tan值来设置物体对象的旋转角度。

在图6-13中，存在的物体对象分别为小怪和骑士，可以看到此时小怪正面朝下，如果希望小怪能够正面面向骑士，则需要在小怪和骑士之间建立一个直角三角形，并计算直角三角形的tan值，以此来设置小怪的旋转角度。

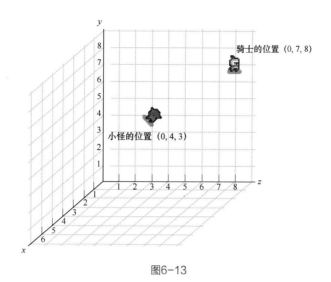

图6-13

建立直角三角形的过程可以分为两步。

第一步是使用向量的减法运算计算由小怪指向骑士的向量，即求出直角三角形的斜边的长度，如图6-14所示。

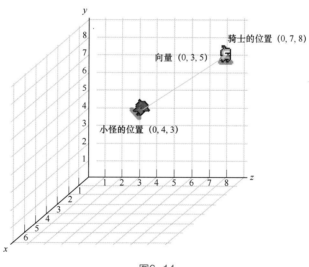

图6-14

第二步是将向量的各分量分解到小怪局部坐标系的x轴、y轴和z轴上，求出直角三角形的对边和邻边的长度。创作者需要根据向量所在的平面求出直角三角形的对边和邻边的长度。例如，在图6-15中，向量所处的平面是yz平面，因此对边和邻边的长度分别等于向量的y分量和z分量的数值。

113

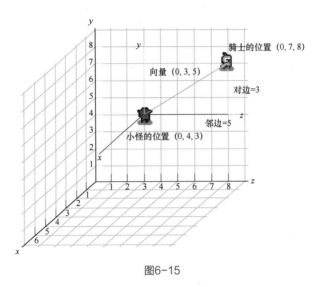

图6-15

在已知对边和邻边的长度后，即可计算出tan的值为0.6。在求出tan的值后，创作者需要将tan的值作为参数传入Mathf.Atan2函数中（Unity中用于根据tan的值计算旋转角度的函数），才能求出物体对象的旋转角度。由于Unity中是以弧度制的方式来计算物体对象旋转的角度，所以创作者还需要将变量Mathf.Rad2Deg和Mathf.Atan2函数相乘，把计算出的物体对象的旋转角度从弧度制转换成角度制。弧度制转换成角度制的一般形式如下。

```
Mathf.Atan2（参数1，参数2）*Mathf.Rad2Deg
```

在脚本中编写控制物体对象旋转角度的代码，如代码清单10所示。

```
代码清单10
01.      private void RotationMethod_1()
02.      {
03.          Vector3 direction=EnemyPos.position-transform.position;
04.          float angle=Mathf.Atan2(direction.y,direction.x)*Mathf.Rad2Deg;
05.          transform.eulerAngles=Vector3.forward*angle;
06.      }
```

在代码清单10中，创作者需要通过计算两个物体对象之间的tan值来计算旋转的角度，为此，创作者首先需要运用向量的减法运算求出直角三角形的斜边，并定义一个Vector3类型的对象direction来存储计算的结果。

然后访问对象direction的y和x变量，其中y变量代表直角三角形的对边，x变量代表直角三角形的邻边。在理解了对象direction的y和x变量的作用后，创作者需要将它们作为参数，分别传入Mathf.Atan2函数中。在Mathf.Atan2函数的内部会自动使用"/"运算符对direction的 y 和 x 变量进行除法运算，求出两个物体对象之间的tan值，再对求出的tan值做进一步的计算，以求出旋转的角度，并将旋转的角度作为返回值进行返回。创作者无须理解Mathf.Atan2函数对求出的tan值进行了什么计算，只需要知道Mathf.Atan2函数会返回物体对象的旋转角度即可。

计算出旋转角度后，由于Unity默认采用弧度制表示旋转的角度，因此创作者需要将变量Mathf.Rad2Deg和Mathf.Atan2函数相乘，把旋转角度由弧度制转换成角度制，并定义一个float类型的变量angle来存储转换的结果。

在使用变量angle存储转换的结果后，创作者需要将变量Vector3.right、Vector3.up、Vector3.forward与变量angle相乘，让物体对象围绕 x、y、z 这3个轴中的1个轴进行旋转。这里以Vector3.forward对象和变量angle进行乘法运算，表示让物体对象围绕 z 轴进行旋转。

6.5 同步强化模拟题

一、单选题

1.（　　）是在VR/AR世界中用来表示物体对象的位置、位移和旋转角度的参照物。

A．旋转坐标系 　　　　　　　B．笛卡儿坐标系

C．世界坐标系 　　　　　　　D．局部坐标系

2．在（　　）中，无须建立物体对象之间的父子关系，物体对象只需在Hierarchy窗口中保持默认的关系状态即可。

A．世界坐标系 　　　　　　　B．局部坐标系

C．小坐标系 　　　　　　　　D．位置坐标系

3．控制3D物体对象进行位移时，需要访问3D刚体组件的velocity变量对位移的速度进行赋值。因此，需要先给3D物体对象添加Rigidbody组件，并在脚本中使用（　　）函数获取3D物体对象上的3D刚体组件。

A．Horizontal 　　　　　　　B．GetComponent

C．movedir 　　　　　　　　D．position

4. 变量Vector3.right除了用于表示物体对象沿x轴正方向进行位移外，还可以控制物体对象沿（　　）轴的正向进行旋转。

A. x
B. y

C. z
D. 圆点

二、多选题

1. 3D笛卡儿坐标系是3D物体对象表示（　　）的参照物。

A. 位置
B. 位移

C. 旋转角度
D. 角度

2. 为了方便计算物体对象的位置、位移和旋转角度，3D数学基于笛卡儿坐标系提出了（　　）。

A. 世界坐标系
B. 局部坐标系

C. 小坐标系
D. 位置坐标系

3. 在3D数学中，向量是具有（　　）的量。

A. 方向
B. 大小

C. 尺寸
D. 空间

三、判断题

1. 2D笛卡儿坐标系是2D物体对象表示自身位置、位移和旋转角度的参照物。（　　）

2. Vector2对象和（x，y）表示2D物体对象的位置、位移和旋转角度的方法一样，即Vector2对象的x和y分量分别代表2D物体对象在x轴和y轴上的位置、位移和旋转角度。（　　）

3. 3D笛卡儿坐标系与2D笛卡儿坐标系相似，不同之处在于3D笛卡儿坐标系多了一条y轴。（　　）

第 7 章

VR/AR产品中的物理系统

在VR/AR产品的创作中，经常需要控制物体对象的位移，并通过检测两个物体对象是否发生碰撞来控制击中目标等功能的执行，而这些功能的实现都需要用到Unity的物理系统，因此本章将详细讲解物理系统在VR/AR产品开发中的应用方法。

7.1 控制物体对象的位移

在第2章中讲解过，刚体组件的功能是赋予物体对象重力、阻力等力的作用。除了为物体对象添加刚体组件之外，还可以在脚本中通过调用刚体组件的AddForce函数和Velocity变量来控制物体对象的位移。

AddForce函数和Velocity变量的使用方法基本相同，都需要定义一个Vector3类型的对象来指定物体对象位移的方向和速度，不同之处是两者控制物体对象进行位移的方式。AddForce函数是给物体对象添加一个恒定的力，而Velocity变量则是给物体对象添加一个恒定的速度。采用不同的控制方式实现的位移效果也不一样。

使用AddForce函数以"添加力"的方式控制物体对象进行位移时，物体对象会具备惯性的作用，当用户松开控制物体对象进行位移的按键时，物体对象并不会立即停位移动，而是会受到惯性的作用继续向前移动一段距离。

使用Velocity变量以"添加速度"的方式控制物体对象的位移时，物体对象不会受到任何力的作用，也不具有惯性，当用户松开控制物体对象进行位移的按键时，物体对象会立即停止移动。

不管是调用AddForce函数还是设置Velocity变量数值，控制物体对象进行位移的代码通常都会放在FixedUpdate函数中，而不放在Update函数中。原因是Update函数的执行频率受设备的影响较大，设备的画面刷新率越高，Update函数的执行频率就越快，这会使物体对象在位移时的碰撞检测和触发检测变得很不稳定；而FixedUpdate函数固定每0.02秒就执行一次，相对于Update函数而言，其执行频率更为稳定。

由于AddForce函数和Velocity变量在脚本中控制物体对象位移的代码大同小异，因此这里以AddForce函数在脚本中的代码为例进行讲解，如代码清单1所示。

代码清单1
```
01.        private Rigidbody rb;
02.        public float Speed;
03.        private void Start()
04.        {
05.            rb=GetComponent<Rigidbody>();
06.        }
07.        private void FixedUpdate()
08.        {
09.            float horizontal=Input.GetAxisRaw("Horizontal");
10.            float vertical=Input.GetAxisRaw("Vertical");
```

```
11.              Vector3 MoveDir=new Vector3(horizontal,0,vertical);
12.              rb.AddForce(MoveDir * Speed);
13.          }
```

第1～6行代码的作用：定义一个Rigidbody类型的对象rb，以及一个float类型的变量Speed，并在Start函数中调用GetComponent函数初始化rb对象。

第7～10行代码的作用：在FixedUpdate函数中调用Input.GetAxisRaw（"Horizontal"）和Input.GetAxisRaw（"Vertical"）函数，并定义两个float类型的变量horizontal和vertical存储函数的返回值，让用户能够通过按键盘中的"W"键、"A"键、"S"键、"D"键来控制位移的方向。

第11行代码的作用：定义一个Vector3对象MoveDir，并将horizontal变量和vertical变量作为参数传入到Vector3的构造函数中，用于设置MoveDir对象在x轴和z轴分量的数值。

第12行代码的作用：调用AddForce函数，并在函数中使用MoveDir变量和Speed变量进行乘法运算，目的是设置位移的方向和速度。

7.2 物体对象之间的碰撞检测

在VR/AR产品的开发中，有一些功能需要两个物体对象之间发生碰撞后才会实现。例如，在动作类型的VR/AR游戏中，角色使用的武器必须要击中怪物后才能计算怪物受到的伤害值。因此，在实现这些功能时，需要使用碰撞器（Collider）组件来对物体对象进行碰撞检测。

除此之外，还可以在脚本中使用碰撞检测函数对两个添加有碰撞器组件的物体对象进行碰撞检测。根据物体对象的类型，碰撞检测函数也被分为2D物体对象碰撞检测函数和3D物体对象碰撞检测函数两种类型。其中2D物体对象碰撞检测函数有OnCollisionEnter2D、OnCollisionStay2D、OnCollisionExit2D，3D物体对象碰撞检测函数有OnCollisionEnter、OnCollisionStay、OnCollisionExit。这些碰撞检测函数的作用完全相同，都是对物体对象发生碰撞的时机进行检测。由于VR/AR产品主要是在3D类型的项目工程中进行创作，因此这里主要讲解3D类型的碰撞检测函数。

● OnCollisionEnter函数：某个物体对象和另一个物体对象发生碰撞的瞬间，脚本会执行OnCollisionEnter函数。

● OnCollisionStay函数：当某个物体对象和另一个物体对象发生碰撞后，并且双方的表面持续地发生接触，脚本会执行OnCollisionStay函数。

● OnCollisionExit函数：当某个物体对象和另一个物体对象发生碰撞后，双方的表面持续地接触一段时间，分开时，脚本会执行OnCollisionExit函数。

创作者需要根据既定功能在物体对象发生碰撞后的执行时机来选择合适的碰撞检测函数，并将相关代码放在相应的碰撞检测函数中，以控制既定功能的执行。下面通过3个案例帮助创作者理解3个碰撞检测函数的用法。

案例1：在第一人称射击类型的VR/AR游戏中，子弹在击中敌人的瞬间，游戏系统会自动计算敌人受到的伤害值，有关计算敌人所受伤害值的代码需放在OnCollisionEnter函数中。

案例2：在角色扮演类型的VR/AR游戏中，当角色站在一个魔法阵中，并且角色身体的某个部位与魔法阵持续发生接触时，游戏系统会自动增加角色的魔力值，有关增加角色魔力值的代码需放在OnCollisionStay函数中。

案例3：在角色扮演类型的VR/AR游戏中，当一个角色离开魔法阵，并且角色身体的每个部分都不再与魔法阵发生接触，游戏系统会自动取消对角色魔力值的增加，有关取消角色魔力值增加的代码需放在OnCollisionExit函数中。

7.3 物体对象之间的触发检测

触发检测是指检测物体对象是否进入触发器检测范围，如果物体对象进入检测范围，就执行相应功能的代码。例如，在第一人称射击类型的VR/AR游戏中，当玩家控制的角色进入敌人的射程范围后，就执行控制敌人发射子弹的代码，以向该角色发射子弹，对角色造成伤害。为此，创作者需要勾选碰撞器组件的"Is Trigger"复选框，以开启碰撞器的触发检测功能，如图7-1所示。在Unity中开启了触发检测功能的碰撞器组件被称为触发器。

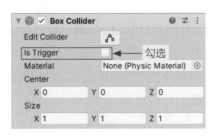

图7-1

所设置的碰撞器组件的大小决定了触发器的检测范围，因此可以通过设置碰撞器组件的Size属性来调整碰撞器组件的大小。

根据物体对象的类型，在脚本里用于进行触发检测的函数分为2D和3D两种类型，其中OnTriggerEnter2D函数、OnTriggerStay2D函数、OnTriggerExit2D函数应用于2D物体对象，OnTriggerEnter函数、OnTriggerStay函数、OnTriggerExit函数应用于3D物体对象，函数的作用完全相同，都是用于检测物体对象进入触发器范围的时机，并在相应的时机下执行对应函数中的代码。由于VR/AR产品主要是在3D类型的项目工程中进行创作，因此这里主要讲解3D类型的触发检测函数。

● OnTriggerEnter函数：当物体对象进入触发器检测范围的一瞬间，就执行OnTriggerEnte函数的代码。

● OnTriggerStay函数：当物体对象进入触发器的检测范围且未离开触发器检测范围时，就执行OnTriggerStay函数的代码。

● OnTriggerExit函数：当物体对象进入触发器的检测范围再离开触发器的检测范围时，就执行OnTriggerExit函数的代码。

创作者需要根据物体对象进入触发器检测范围后既定功能的执行时机，将相关代码放在相应的触发检测函数中来控制功能的执行。

下面通过3个案例帮助创作者理解3个触发检测函数的用法。

案例1：在动作类型的VR/AR游戏中，当角色挥舞手中的剑击中敌人时，就实现控制敌人流血的功能。有关控制敌人流血的代码应放在OnTriggerEnter函数中。

案例2：在角色扮演类型的VR/AR游戏中，当玩家控制的角色进入敌人的射程检测范围后，敌人就向角色射出弓箭，以对该角色造成伤害。有关敌人射出弓箭的代码应放在OnTriggerStay函数中。

案例3：在角色扮演类型的VR/AR游戏中，当玩家控制角色离开敌人射程的检测范围后，敌人就停止向角色射出弓箭。有关停止敌人向角色射出弓箭的代码应该放在OnTriggerExit函数中。

7.4 射线检测

射线检测是指使用Unity定义的Physics.Raycast函数和Physics2D.Raycast函数，向场景中发射一条隐形（不可见）的射线。这条射线在发射的过程中，如果触碰到了其他添加有碰撞器组件的物体对象，那么Physics.Raycast函数和Physics2D.Raycast函数就将true作为返回值；如果没有触碰，则将false作为返回值。其中Physics.Raycast函数适用于3D物体对象，Physics2D.Raycast函数适用于2D物体对象。本节以Physics.Raycast函数为例进行讲解。

在调用Physics.Raycast函数发射一条射线时，创作者需要向函数中传入相应的参数（transform.position、Vector3.down和3）来设置射线的起点、方向及长度，如代码清单2所示。

```
代码清单2
01.      private void FixedUpdate()
02.      {
03.          Physics.Raycast(transform.position,Vector3.down,3);
04.      }
```

利用射线检测原理，可以在VR/AR游戏中控制物体对象的跳跃，如代码清单3所示。

```
代码清单3
01.      private Rigidbody rig;
02.      private bool IsJump;
03.
04.      private void Start()
05.      {
06.          rig=GetComponent<Rigidbody>();
07.      }
08.
09.      private void FixedUpdate ()
10.      {
11.          IsJump=Physics.Raycast(transform.position,Vector3.down,3);
12.
13.          if (IsJump)
14.          {
15.              if (Input.GetKeyDown(KeyCode.Space))
16.              {
17.                  rig.velocity=new Vector3(0,10,0);
18.              }
19.          }
20.      }
```

上述代码中，关键行代码的作用如下。

第1～7行代码的作用：定义一个Rigidbody类型的对象rig，以及一个bool类型的变量IsJump，并在Start函数中调用GetComponent函数初始化rig对象。

第11行代码的作用：在FixedUpdate函数中调用Physics.Raycast函数，并向函数中传入transform.position、Vector3.down和3三个参数，用于设置射线的起点、方向及长度；使用IsJump变量存储Physics.Raycast函数的返回值。

第13行代码的作用：使用if语句判断IsJump变量存储的数值。如果IsJump变量存储的数值为true，则继续执行后续的语句，允许玩家按下空格键控制物体对象跳跃。

第15～18行代码的作用：当IsJump变量存储的数值等于true时，就在if语句中调用Input.GetKeyDown函数，判断玩家是否按下了空格键。如果玩家按下了空格键，Input.GetKeyDown函数会返回true作为返回值，这时if语句会继续执行后续的代码。使用new关键字调用Vector3类的构造函数，定义一个 Vector3类的对象，并将对象赋值给velocity变量，实现角色的跳跃。

7.5 Tag标签

当对物体对象进行碰撞或触发检测时，Unity会通过Tag标签来区分不同的物体对象。例如，将玩家控制的角色的Tag标签设置为Player（玩家），玩家队友控制的角色的Tag标签设置为Friendly Party（友方），敌方玩家的Tag标签设置为Enemy（敌方）。利用Tag标签，在第一人称类型的VR/AR游戏中可以避免出现误伤队友的情况。当玩家控制的角色发射的子弹击中了某个物体对象时，子弹会对该物体对象上的Tag标签进行判断。如果物体对象的Tag标签为Friendly Party，就表示子弹击中的是玩家的队友，因而不进行伤害值的计算；如果物体对象的Tag标签为Enemy，就表示子弹击中的是敌人，此时就需要进行伤害值计算。

在每个物体对象的Inspector窗口中，单击Tag属性的下拉按钮，在展开的下拉列表中可以选择物体对象的Tag标签，如图7-2所示。

图7-2

除了在Tag属性下拉列表中选择Unity默认的Tag标签外，创作者还可以自定义Tag标签。在Tag属性下拉列表中选择"Add Tag"选项后，Inspector窗口将自动切换为自定义Tag标签面板。单击Tags属性组下方的 + 按钮，对自定义的Tag标签进行命名，再单击"Save"按钮进行保存，如图7-3所示。

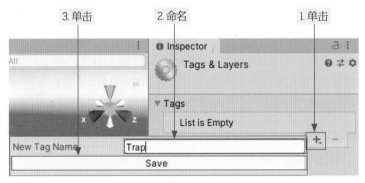

图7-3

保存完毕后，自定义的Tag标签就会出现在Tag属性下拉列表中，此时创作者即可将该Tag标签设置为物体对象的Tag标签。

提示　如果不为物体对象设置Tag标签，那么物体对象的Tag标签属性默认为UnTagged（未设置Tag标签）。

Tag标签设置完毕后，创作者可以在碰撞检测函数中调用collision.transform.tag变量，或者在触发检测函数中调用other.transform.tag变量来访问tag变量，以获取物体对象上的Tag标签。下面以对3D物体对象进行触发检测的函数为例进行讲解，如代码清单4所示。

```
代码清单4
01.     private void OnTriggerEnter (Collider other)
02.     {
03.         if (other.transform.tag == "Player")
04.         {
05.             Debug.Log("物体对象的Tag标签为Player");
06.         }
07.     }
```

上述代码使用other.transform.tag变量访问物体对象上的Tag标签，并使用if语句，对进入触发检测范围的物体对象进行判断。如果该Tag标签为Player，就调用Debug.Log函数在Console窗口中输出"物体对象的Tag标签为Player"这句话。

7.6 同步强化模拟题

1. AddForce函数和Velocity变量在使用方法上的不同之处是（　　）。

A. 控制物体对象进行旋转的方式　　　　B. 控制物体对象进行位移的方式

C. 控制物体对象进行推拉的方式　　　　D. 控制物体对象进行移动的方式

2. 使用AddForce函数以"添加力"的方式控制物体对象进行位移时，物体对象会具备（　　）的作用。

A. 加速度　　　　B. 减速度　　　　C. 惯性　　　　D. 极速

3. 在Unity中开启了触发检测功能的碰撞器组件被称为（　　）。

A. 碰撞器　　　　B. 触发器　　　　C. 解发检测　　　　D. 代码

4. 当对物体对象进行碰撞或触发检测时，Unity会通过（　　）标签来区分不同的物体对象。

A. Player　　　　B. Tag　　　　C. Enemy　　　　D. Friendly

5. 如果不为物体对象设置Tag标签，那么物体对象的Tag标签属性默认是（　　）。

A. Player　　　　B. Tag　　　　C. UnTagged　　　　D. Friendly

二、多选题

1. 碰撞器组件的（　　）决定了触发器的检测范围，创作者可以在碰撞器组件的属性面板中设置触发器的（　　）属性的数值来调整碰撞器组件的大小。

A. 类型　　　　B. 尺寸大小　　　　C. Size　　　　D. 大小

2. 在VR/AR产品设计中，常用的3D类型的碰撞检测函数有（　　）。

A. OnCollisionEnter　　　　B. OnCollisionStay

C. OnCollisionExit　　　　D. AddForce

三、判断题

1. 使用AddForce函数以"添加力"的方式实现物体对象的位移时，物体对象会具备惯性的作用，当用户松开控制物体对象进行位移的按键时，物体对象会立即停止位移。（　　）

2. 使用AddForce变量控制物体对象的位移时，由于AddForce变量是以"添加速度"的方式来实现物体对象的位移，因此进行位移的物体对象不会受到任何力的作用，同样也不会具有惯性。当用户松开控制物体对象进行位移的按键时，物体对象不会立即停止当前的位移。（　　）

3. 触发检测是指检测物体对象是否进入触发器检测区域的范围内，如果物体对象进入到该区域的范围内，就执行相应功能的代码。（　　）

VR/AR产品中的动画系统

在VR/AR产品中，动画系统是指角色模型或UI界面上的各种动作，用户可以通过键盘、操控手柄、手机虚拟按键等输入设备控制这些动作的过渡方式，与VR/AR的沉浸世界产生互动，从而使用户产生更加真实的代入感。可以使用Unity中Mecanim动画系统的Animator Controller（动画状态机）和Blend Tree（混合树）来实现VR/AR产品的动画功能。本章主要以实现角色模型的动作为例，讲解VR/AR产品中动画的实现方法。

8.1 动画状态机

动画片段是指角色模型或UI界面上的一个动作。在Unity商店中下载角色模型的素材包，并将其导入Unity的工程文件后，通常可以在角色模型素材包的"Animations"文件夹中找到角色模型的动画片段。例如，将素材包"unity-chan！"导入后，在"Animations"文件夹中可以看到该角色模型的动画片段，如图8-1所示。

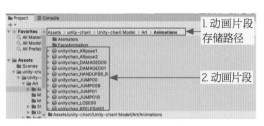

图8-1

如果希望角色模型在这些动画片段之间过渡，就需要用动画状态机进行控制。可以在动画状态机中根据动画片段之间的过渡关系，设置控制动画片段过渡的过渡条件和过渡参数。只有当过渡参数的数值满足过渡条件设置的数值条件时，动画片段才会进行过渡。

8.1.1 设置过渡条件和过渡参数

在设置控制动画片段过渡的过渡条件和过渡参数前，需要在Project窗口中单击鼠标右键，在弹出的菜单中选择"Create"→"Animator Controller"命令，新建一个动画状态机，如图8-2所示。

图8-2

双击新建的动画状态机"New Animator Controller"，如图8-3所示，打开Animator窗口。

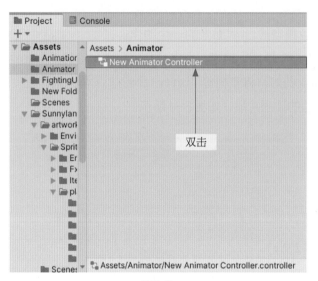

图8-3

在Project窗口中选择需要进行过渡的动画片段，将其拖曳到Animator窗口中，如图8-4所示。

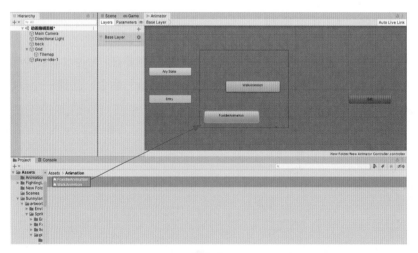

图8-4

在Animator窗口中，动画片段之间的过渡条件用一个白色的箭头表示，箭头的指向表示动画片段的过渡方向，创作者需要根据这些动画片段之间的过渡关系，建立它们之间的过渡条件。例如，如果要建立FoxidleAnimation（原地待命的动画片段）和WalkAnimation（向前行走的动画片段）之间的过渡条件，让角色模型从FoxidleAnimation动画片段向

WalkAnimation动画片段进行过渡，可进行如下操作。

（1）在Animator窗口中选中FoxidleAnimation动画片段，单击鼠标右键，在弹出的菜单中选择"Make Transition"命令，新建一条过渡条件，如图8-5所示。

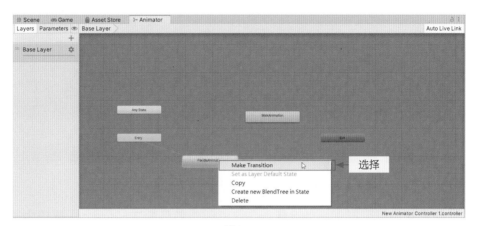

图8-5

（2）将新建的过渡条件拖曳到WalkAnimation动画片段上，单击任意位置确认，这样Foxidle Animation和WalkAnimation之间的过渡关系就建立了，如图8-6所示。

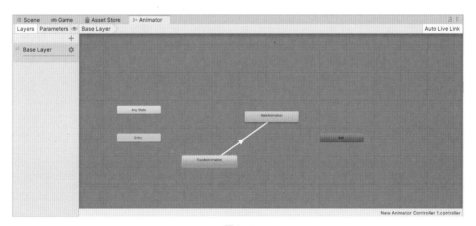

图8-6

（3）如果希望角色模型从WalkAnimation动画片段过渡回FoxidleAnimation动画片段，只需在WalkAnimation动画片段上单击鼠标右键，在弹出的菜单中选择"Make Transition"命令，新建一条反向的过渡条件，将该过渡条件拖曳到FoxidleAnimation动画片段上即可，如图8-7所示。

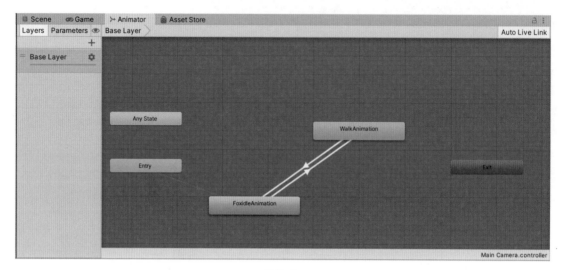

图8-7

为了让动画状态机可以正常地运转，在这里创作者需要在Hierarchy窗口中选中模型"unitychan"，在Inspector窗口中添加一个Animator组件，在Project窗口中将动画状态机"New Animator Controller"拖曳到Animator组件的Controller属性中，如图8-8所示。

图8-8

为了让动画片段的过渡能被玩家控制，需要创建用于控制动画片段过渡的过渡参数，并将其添加到过渡条件中，具体的操作如下。

（1）在Animator窗口中，单击"Parameters"标签，切换到创建过渡参数的Parameters面板，单击＋按钮，在展开的下拉列表中选择相应的过渡参数，如图8-9所示。

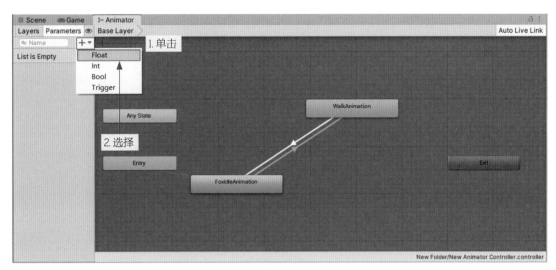

图8-9

图8-9所示的过渡参数的选项有Float、Int、Bool和Trigger，其具体功能如下。

● Float：对应浮点型（float）参数，表示使用浮点型参数控制动画片段的过渡，适用于注重过渡过程的动画片段，例如行走、转向等。

● Int：对应整型（int）参数，表示使用整型参数控制动画片段的过渡，适用于对过渡过程重视程度较低的动画片段。例如，动作类型的VR/AR游戏中，角色战斗风格的切换。

● Bool：对应布尔型（bool）参数，表示使用布尔型参数控制动画片段的过渡，适用于对响应速度要求较高的动画片段。例如，角色的跳跃、攻击等。

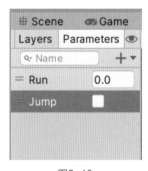

● Trigger：表示触发一个布尔值。此选项不如上述3种选项常用，此处不作详细介绍。

创作者需要结合用户的操作习惯选择相应类型的过渡参数。创建的过渡参数会统一显示在Parameters面板中。这里创建了一个float类型的参数Run和一个bool类型的参数Jump，如图8-10所示。

图8-10

提示 双击Parameters面板中创建的过渡参数，可以对过渡参数的名称进行修改。

（2）为了控制动画片段的过渡，需要在过渡条件中添加过渡参数。这里以实现unitychan角色从FoxidleAnimation动画片段过渡到WalkAnimation动画片段为例，讲解添加过渡参数的方法。

① 在Animator窗口中，选中FoxidleAnimation动画片段到WalkAnimation动画片段的过渡条件；在Inspector窗口中，单击 + 按钮，添加一个过渡参数，如图8-11所示。

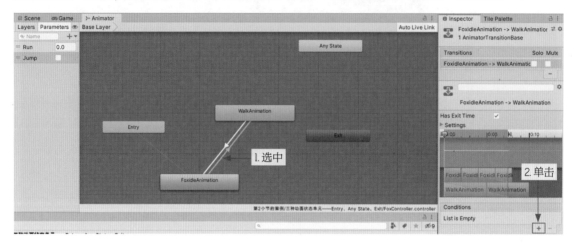

图8-11

② 单击过渡参数的第一个下拉按钮，在展开的下拉列表中选择在Parameters面板中创建的过渡参数"Run"，如图8-12所示。

（3）添加完过渡参数后，还需要为过渡参数设置相应的数值条件，对动画片段的过渡进行控制。这里以设置float类型的Run过渡参数和bool类型的Jump过渡参数的数值条件为例进行说明。

在float类型的Run过渡参数下，可选的数值条件有Greater（大于）和Less（小于）两种，两种数值条件分别表示float类型的过渡参数只有在大于或小于某项数值后，动画片段才会过渡。这里设置Run过渡参数的数值条件为大于0.1后，控制动画片段由FoxidleAnimation过渡到WalkAnimation。单击数值条件的下拉按钮 ▼ ，在展开的下拉列表中选择数值条件为"Greater"，在其后的输入框中输入"0.1"，如图8-13所示。

图8-12

图8-13

虽然设置了数值条件，但此时仍不能实现动画片段的过渡，还需要在脚本中将与过渡参数同名的字符串"Run"，以及与过渡参数同类型的数值0.5f作为参数，传入到SetFloat函数中，如代码清单1所示。

```
代码清单1
01.      private Animator anim;
02.      private void Start()
03.      {
04.          anim=GetComponent<Animator>();
05.      }
06.      private void Update()
07.      {
08.          anim.SetFloat("Run",0.5f);
09.      }
```

第1～5行代码的作用：在调用SetFloat函数前，定义一个Animator类型的anim对象，并在Start函数中调用GetComponent函数初始化anim对象。

第6～9行代码的作用：在Update函数中，调用SetFloat函数，将过渡参数Run的数值设置为0.5，让过渡参数Run的数值满足大于0.1的数值条件。

设置完毕后，将该脚本添加到模型上，即可实现FoxidleAnimation动画片段过渡到WalkAnimation动画片段的功能。

提示 这里读者可能会有一个疑问，为什么在脚本中设置过渡参数的数值时，需要在数值的后面加上"f"字符，而设置数值条件就不需要呢？因为在脚本中编写代码时，C#规定浮点类型的数值必须要在数值的末尾添加一个"f"字符，而设置过渡参数的操作是在Unity中进行的，所以不需要在数值的末尾添加"f"字符。

在bool类型的Jump过渡参数下，单击数值条件的下拉按钮▼，在展开的下拉列表中可选的数值条件有true和false两种。若设置的数值条件为true，那么在使用SetBool函数设置数值条件时，就需要将与过渡参数同名的字符串"Jump"及true作为参数传入到函数中，这样才能实现动画片段的过渡功能。同理，若设置的数值条件为false，那么在使用SetBool函数设置数值条件时，就需将字符串"Jump"及false作为参数传入到函数中。这里设置的数值条件是true，如图8-14所示。

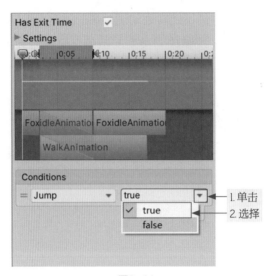

图8-14

在脚本中，将与过渡参数同名的字符串"Jump"及true作为函数的参数，传入SetBool函数中，如代码清单2所示。

```
代码清单2
01.      private Animator anim;
02.      private void Start()
03.      {
04.          anim=GetComponent<Animator>();
05.      }
06.      private void Update()
07.      {
08.          anim.SetBool("Jump",true);
09.      }
```

第1～5行代码的作用：在调用SetBool函数前，定义一个Animator类型的对象anim，并在Start函数中调用GetComponent函数初始化anim对象。

第6～9行代码的作用：在Update函数中，调用SetBool函数，将过渡参数Jump的数值设置为true，让过渡参数Jump满足数值条件的标准。

设置完毕后，将该脚本添加到模型上，即可实现FoxidleAnimation动画片段过渡到WalkAnimation动画片段的功能。

提示 在脚本中，需要将Input类的函数与SetFloat、SetBool函数结合使用，用户才能通过按下输入设备的按键来控制动画片段的过渡效果。Input类的函数的使用方法将在8.3节中讲解。

用户在按下输入设备的按键后，动画片段的过渡可能会出现延迟的现象，原因是动画状态机受到了Inspector窗口中Has Exit Time和Transition Duration两项属性的影响。

当"Has Exit Time"复选框处于勾选的状态时，只有在当前动画片段播放完毕后才能过渡到下一个动画片段，这会导致动画片段在过渡时出现延迟的现象。为避免此问题发生，需要取消"Has Exit Time"复选框的勾选，如图8-15所示。

Transition Duration属性用于设置动画片段过渡的延迟时间。Transition Duration属性的数值越大，动画片段过渡时的延迟时间越长。将Transition Duration属性的数值设置为0，即可解决动画片段过渡的延迟问题，如图8-16所示。

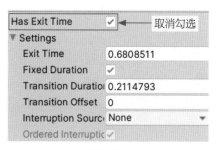

图8-15

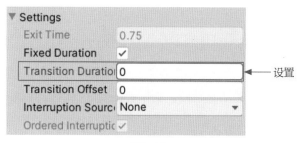

图8-16

8.1.2 控制动画片段播放时机的3种状态——Any State、Entry、Exit

进入Animator窗口后，可以看到该窗口中有3种不同颜色的矩形——Any state、Entry和Exit，用于控制动画片段播放时机的3种状态——任意状态、状态机入口和状态机出口，如图8-17所示。

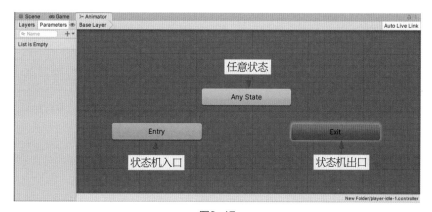

图8-17

这里以Entry→IdleAnimation（原地待命动画片段）、Any State→JumpAnimation（跳跃动画片段）、LoseAnimation（战败动画片段）→Exit的过渡条件为例进行讲解，如图8-18所示。

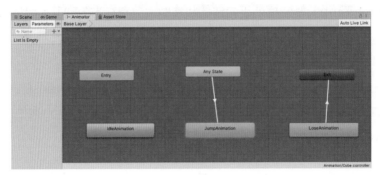

图8-18

1. Entry

和Entry存在过渡关系的动画片段被称为默认动画片段，即用户在没有按任何按键的情况下默认播放的动画片段。创作者在向动画状态机添加第一个动画片段时，Unity会默认让这个动画片段和Entry建立过渡条件，并且该动画片段会被第一个播放。一般情况下，Entry会与IdleAnimation（原地待命动画片段）建立过渡条件。

2. Any State

和Any State存在过渡关系的动画片段被称为跳转动画片段，即用户可以在任意时刻播放该动画片段。无论当前播放的动画片段与要跳转的动画片段之间存在何种过渡关系，当要跳转的动画片段与Any State之间的过渡参数满足设置的过渡条件时，动画状态机就会自动跳转到要跳转的动画片段。一般情况下，Any State会与JumpAnimation（跳跃动画片段）建立过渡条件。

3. Exit

和Exit存在过渡关系的动画片段被称为退出动画片段，即在播放完该动画片段后动画状态机会自动退出，用户无法继续使用输入设备控制动画片段的过渡。一般情况下，Exit会与LoseAnimation（战败动画片段）建立过渡条件。

8.2 Blend Tree（混合树）

虽然在动画状态机中设置动画片段的过渡条件，已经能够实现大多数动画片段的过渡，但是在特定的过渡方式下，设置过渡条件会比较复杂。例如，在角色扮演的VR/AR游戏中，为了让用户完全融入自己在游戏中所扮演的角色，创作者会允许用户通过输入设备自由地控制角色进行前、后、左、右方向的跑动。由于用户可以控制角色在4个不同的方向跑动，所以在动画状态机中，就需要在这些动画片段之间设置往返两个方向的过渡条件，如图8-19所示。

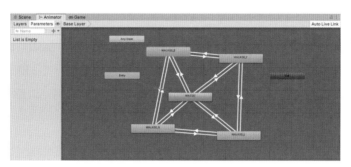

图8-19

这会使动画片段之间的过渡条件变得十分复杂，后续建立其他动画片段的过渡条件也很不方便，为此Unity提供了Blend Tree（混合树）。在Blend Tree里，所有的动画片段都只由1~2个过渡参数控制，过渡参数的数值决定动画片段是否进行过渡，创作者只需在脚本中通过代码改变过渡参数的数值即可控制动画片段的过渡。

根据用户控制动画片段过渡时的操作习惯，Blend Tree被分为1D和2D两种类型，创作者需要结合用户的操作习惯选择对应的Blend Tree。1D Blend Tree的参数选项如图8-20所示，在1D Blend Tree中，动画片段之间的过渡由一个参数控制。2D Blend Tree的参数选项如图8-21所示。在2D Blend Tree中，动画片段的过渡由两个参数控制。

图8-20

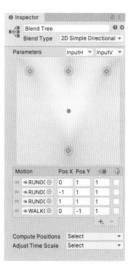

图8-21

下面使用Unity商店中免费的"unity-chan！"素材包来讲解1D Blend Tree和2D Blend Tree的使用方法。创作者可以直接在Unity商店中下载并导入"unity-chan！"素材包。

8.2.1 1D Blend Tree

1D Blend Tree主要通过独立的按键来控制动画片段的过渡。例如，动作类的VR/AR游戏中，角色切换战斗风格、角色更换武器装备等。下面以通过使用"1"键、"2"键、"3"键、"4"键控制unitychan角色在4个不同动作的动画片段之间过渡为例，讲解1D Blend Tree的使用方法。

在开始制作本案例前，创作者需要进行一些准备工作，具体如下。

在Lighting窗口中，勾选"Auto Generate"复选框，开启光照效果。创建一个白色平面来放置角色模型。在白色平面的Inspector窗口中，将Transform组件的Scale属性设置为（10，10，10），扩大白色平面的面积。最后在Project窗口中，按照"Assets"→"unity-chan!"→"Unity-chan! Model"→"Art"→"Models"路径，打开"unity-chan！"素材包，将角色模型拖入Scene窗口中，如图8-22所示。

图8-22

准备工作完成后，就可以开始本案例的制作了。

（1）在Project窗口中，新建一个名为"1D Blend Tree"的动画状态机。双击该动画状态机，进入Animator窗口。在Animator窗口中，单击鼠标右键，在弹出的菜单中选择"Create State"→"From New Blend Tree"命令，创建一个1D Blend Tree，如图8-23所示。

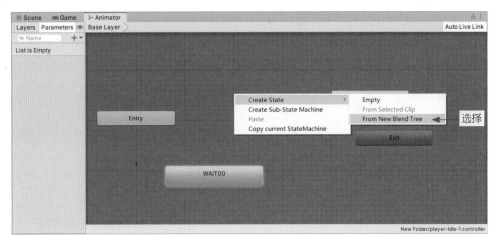

图8-23

创建1D Blend Tree后的窗口效果如图8-24所示。

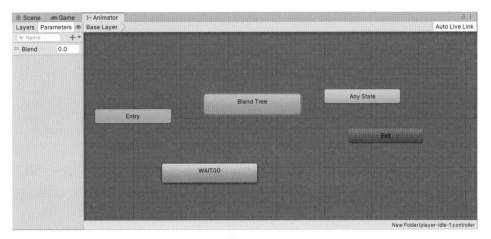

图8-24

（2）双击创建的1D Blend Tree，进入1D Blend Tree的参数面板。在Inspector窗口中单击"+"按钮，在展开的下拉列表中选择"Add Motion Field"选项，为1D Blend Tree添加一个空白动画片段，如图8-25所示。

（3）在Inspector窗口中，单击空白动画片段右侧的◎按钮，在弹出的Select Motion窗口中，可以设置具体的动画片段，这里添加的动画片段是WAIT00（原地站立），如图8-26所示。

（4）使用同样的方法，分别添加动画片段WATI01（原地热身）、WAIT02（原地挥手）、

WAIT03（原地打招呼），如图8-27所示。

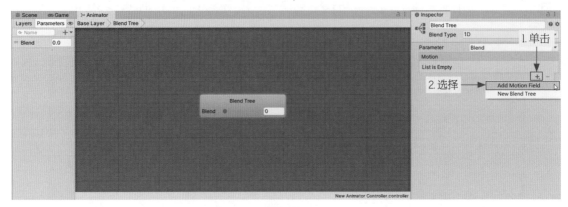

图8-25

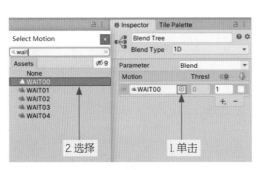

图8-26

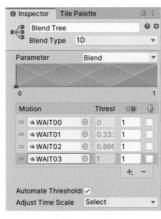

图8-27

（5）为了控制动画片段的过渡，需要在Parameters面板中设置用于控制动画片段过渡的过渡参数。1D Blend Tree和2D Blend Tree能够设置的过渡参数类型只有float一种，因此这里设置float类型的过渡参数ChangeMode，如图8-28所示。

提示 float类型的参数Blend为混合树自动创建的过渡参数。

（6）过渡参数创建完毕后，在Blend Tree的Inspector窗口中，单击Parameter右侧的下拉按钮，在展开的下拉列表中选择过渡参数为"ChangeMode"，如图8-29所示。

（7）取消"Automate Thresholds"复选框的勾选，然后手动设置过渡参数的数值条件，即在每个动画片段的"Threshold"输入框中输入相应的数值，如图8-30所示。

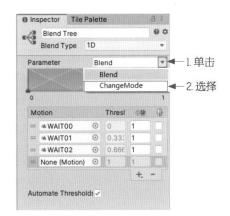

图8-29

图8-28

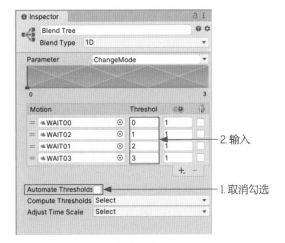

图8-30

提示 在使用1D Blend Tree 设置每个动画片段的过渡参数的数值条件时，Unity会根据数值条件的具体数值，将动画片段按照从小到大的顺序进行排列，因此创作者需要注意动画片段排列顺序的变化，避免数值条件设置错误。

设置数值条件后，在Project窗口中新建一个名为"OneDBlendTree"的脚本。双击该脚本，进入Visual Studio界面，编写控制动画片段过渡的代码，如代码清单3。

```
代码清单3
01.    private Animator anim;
02.    private void Start()
03.    {
04.        anim=GetComponent<Animator>();
05.    }
06.    private void Update()
07.    {
08.        if (Input.GetKeyDown(KeyCode.Alpha1))
09.        {
10.            anim.SetFloat("ChangeMode",0);
11.        }
```

```
12.          if (Input.GetKeyDown(KeyCode.Alpha2))
13.          {
14.              anim.SetFloat("ChangeMode",1);
15.          }
16.          if (Input.GetKeyDown(KeyCode.Alpha3))
17.          {
18.              anim.SetFloat("ChangeMode",2);
19.          }
20.          if (Input.GetKeyDown(KeyCode.Alpha4))
21.          {
22.              anim.SetFloat("ChangeMode",3);
23.          }
24.      }
```

第1～5行代码的作用：定义一个Animator类型的对象anim，并在Start函数中使用GetComponent函数初始化anim对象。

第8～11行代码的作用：使用if语句和Input.GetKeyDown(KeyCode.Alpha1)函数，判断用户是否按下了"1"键。如果按下了"1"键，就继续执行该if语句中的代码，将与过渡参数ChangeMode同名的字符串"ChangeMode"和数值"0"作为函数的参数，传入SetFloat函数中，控制角色过渡到WAIT00动画片段。

第12～15行代码的作用：使用if语句和Input.GetKeyDown(KeyCode.Alpha2)函数，判断用户是否按下了"2"键。如果按下了"2"键，就继续执行该if语句中的代码，将与过渡参数ChangeMode同名的字符串"ChangeMode"和数值"1"作为函数的参数，传入SetFloat函数中，控制角色过渡到WAIT01动画片段。

第16～19行代码的作用：使用if语句和Input.GetKeyDown(KeyCode.Alpha3)函数，判断用户是否按下了"3"键。如果按下了"3"键，就继续执行该if语句中的代码，将与过渡参数ChangeMode同名的字符串"ChangeMode"和数值"2"作为函数的参数，传入SetFloat函数中，控制角色过渡到WAIT02动画片段。

第20～23行代码的作用：使用if语句和Input.GetKeyDown(KeyCode.Alpha4)函数，判断用户是否按下了"4"键。如果按下了"4"键，就继续执行if语句中的代码，将与过渡参数ChangeMode同名的字符串"ChangeMode"和数值"3"作为函数的参数，传入SetFloat函数中，控制角色过渡到WAIT03动画片段。

将OneDBlendTree脚本添加到unitychan角色模型上，将1D Blend Tree动画状态机添加到该角色模型的Animator组件的Controller属性中，运行VR/AR产品，即可通过"1"键、

"2"键、"3"键、"4"键控制角色模型在4个不同动作的动画片段之间过渡。

8.2.2 2D Blend Tree

2D Blend Tree常用在需要使用两个按键才能控制动画过渡的动画片段中。例如，在角色扮演类型的VR/AR游戏中，用户习惯同时按下键盘中的"W"键和"A"键，或者"W"键和"D"键来控制角色向左或向右奔跑，其中"W"键用于控制角色奔跑，"A"键和"D"键用于控制角色转向。下面以通过按键控制unitychan角色模型原地待命时的动作过渡动画片段为例，讲解2D Blend Tree的使用方法。

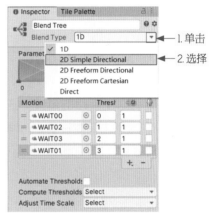

在开始制作本案例前，创作者需要做和8.2.1小节中相同的准备工作。然后在Project窗口中，新建一个名为"2D Blend Tree"的动画状态机。双击该动画状态机进入Animator窗口，创建一个1D Blend Tree。双击1D Blend Tree，进入1D Blend Tree的参数面板，在Inspector窗口中单击"Blend Type"右侧的下拉按钮，在展开的下拉列表中选择一种2D Blend Tree。可以看到共有3种类型的2D Blend Tree供选择，这里选择最常用的"2D Simple Directional"，如图8-31所示。

图8-31

设置完毕后，选中2D Blend Tree的参数面板，在Inspector窗口中单击"+"按钮，在弹出的列表中选择"Add Motion Field"命令，如图8-32所示，为2D Blend Tree添加一个空白动画片段。

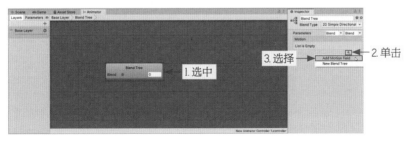

图8-32

使用同样的方法，为2D Blend Tree再添加4个空白动画片段。然后单击各空白动画片段的 ⊙ 按钮，在弹出的Select Motion窗口中选择具体的动画片段。这里依次选择的动画片段为WALK00_B（向后走）、WALK00_F（向前走）、WALK00_L（向左走）和WALK00_R（向右走）、WAIT00（原地待命），如图8-33所示。

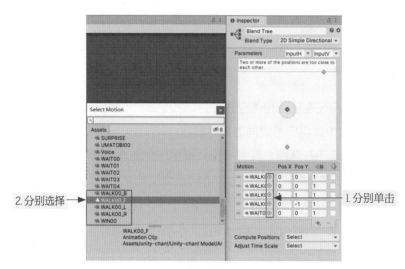

图8-33

为了控制动画片段的过渡，还需要为动画片段添加过渡参数。和1D Blend Tree一样，2D Blend Tree也只能设置float类型的过渡参数，并且在设置前，需要在Parameters面板中创建过渡参数。2D Blend Tree需要设置的过渡参数有两个，因此这里创建了float类型的过渡参数InputH和InputV。

在Inspector窗口中，依次单击Parameters属性右侧的两个下拉按钮，分别在展开的下拉列表中设置过渡参数为"InputH"和"InputV"，如图8-34所示。

过渡参数设置完毕后，需要在Inspector窗口的"Pos X"和"Pos Y"输入框中设置过渡参数的数值条件，如图8-35所示。

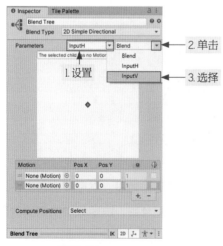

图8-34

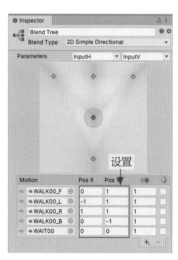

图8-35

在Project窗口中新建一个名为"TwoDBlendTree"的脚本，双击该脚本，进入Visual Studio界面，编写用于控制动画片段过渡的代码，如代码清单4所示。

```
代码清单4
01.      private Animator anim;
02.      private void Start()
03.      {
04.          anim=GetComponent<Animator>();
05.      }
06.      private void Update()
07.      {
08.          float h=Input.GetAxis("Horizontal");
09.          float v=Input.GetAxis("Vertical");
10.          anim.SetFloat("InputH",h);
11.          anim.SetFloat("InputV",v);
12.      }
```

上述代码中，关键行代码的作用如下。

第1～5行代码的作用：定义一个Animator类型的对象anim，并在Start函数中使用GetComponent函数初始化anim对象。

第8～9行代码的作用：调用Input.GetAxis("Horizontal")和Input.GetAxis("Vertical")函数，分别定义两个float类型的变量h和v来存储函数的返回值。

第10、11行代码的作用：调用两个SetFloat函数，分别将与过渡参数同名的字符串"InputH"和"InputV"，以及变量h和v作为参数传入到SetFloat函数中，对过渡参数InputH和InputV的数值进行设置。动画状态机会根据2D Blend Tree设置的数值条件，以及过渡参数InputH和InputV当前的数值控制动画片段的过渡。当用户什么按键也没有按时，InputH和InputV的数值均为0，此时角色模型会过渡到WAIT00动画片段；当用户按"W"键时，InputH的数值为0，InputV的数值为1，此时角色模型会过渡到WALK00_F（向前走）动画片段；当用户同时按"W"键和"A"键时，InputH的数值为−1，InputV的数值为1，此时角色模型会过渡到WALK00_L（向左走）动画片段；当用户同时按"W"键和"D"键时，InputH的数值为1，InputV的数值为1，此时角色模型会过渡到WALK00_R（向右走）动画片段；当用户按"S"键时，InputH的数值为0，InputV的数值为−1，此时角色模型会过渡到WALK00_B（原地待命）动画片段。

将TwoDBlendTree脚本添加到unitychan角色模型上，将2D Blend Tree动画状态机添加到unitychan角色模型的Animator组件的Controller属性中，运行VR/AR产品，即可通过按键控制角色模型原地待命时的动作。

8.3 实践案例——制作3D角色控制器

本节将使用Unity商店的免费素材包"unity-chan！"及一些3D数学知识，制作一个如图8-36所示的3D角色控制器。用户能够操控该角色在原地待命、跳跃、奔跑3个动画片段之间自由过渡。在过渡到奔跑和跳跃的动画片段时，角色会做出奔跑和跳跃的物理动作。扫描图8-36（d）所示的二维码，可以查看本案例的动态效果。

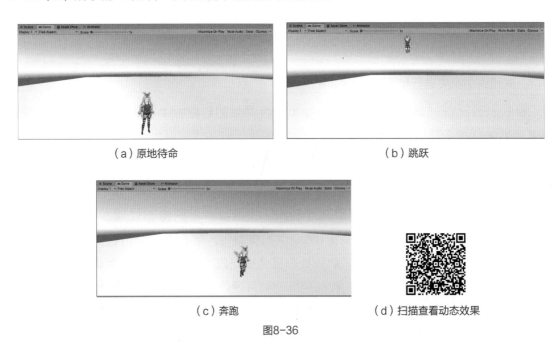

（a）原地待命   （b）跳跃

（c）奔跑   （d）扫描查看动态效果

图8-36

本节内容为选学内容，感兴趣的读者可自行尝试实现本案例的功能。本案例的具体实现过程及源代码参见本书相应的配套资源。

8.4 同步强化模拟题

一、单选题

1. 执行"Create"→"(   )"，可以新建一个动画状态机。

A. From New Blend Tree   B. Animator Controller

C. unity-chan!   D. Art

2. 新建一条过渡条件的命令是（   ）。

A. From New Blend Tree   B. Animator Controller

C. unity-chan!   D. Make Transition

3. int类型的过渡参数，适用于对过渡过程重视程度（   ）的动画片段。

A. 较高   B. 较低   C. 行走   D. 施法

二、多选题

1. 常用的过渡参数的类型有（   ）。

A. float   B. int   C. bool   D. Studio

2. 在bool类型的过渡参数Jump下，可选的数值条件有（   ）两种。

A. true   B. false   C. float   D. long

3. 用于控制动画片段播放时机的3种状态，分别是（   ）。

A. Any State（任意状态）   B. Exit（状态机出口）

C. Blend Tree（混合树）   D. Entry（状态机入口）

三、判断题

1. 在float过渡参数Run下，可选的数值条件有Greater和Less两种。（   ）

2. 在脚本中设置过渡参数的数值时，需要在数值的后面添加"f"字符，而在Unity中设置数值条件就不需要在数值的后面添加"f"字符。（   ）

3. 1D Blend Tree主要通过独立的按键来控制动画片段的过渡。（   ）

第 **9** 章

VR/AR产品中的UI系统

UI是用户与VR/AR产品进行交互和信息交换的桥梁，用户可以通过UI来控制VR/AR功能的执行。Unity提供了一套功能齐全的UI系统——Unity图形用户界面（Unity GUI，UGUI），利用UGUI可以进行VR/AR产品的UI设计。

9.1 常用的UI组件

UGUI把自身的功能划分成了不同的UI组件，利用这些UI组件就能完成UI界面的制作。在Hierarchy窗口中单击鼠标右键，在弹出的菜单中选择"UI"命令，根据UI组件的名称，在弹出的子菜单中选择与UI组件同名的命令后，即可创建出相应的UI组件。例如，要创建一个Image组件，在子菜单中选择"Image"命令即可，如图9-1所示。

在Hierarchy窗口中选中创建的Image组件，在Unity界面右侧的Inspector窗口中可以查看Image组件的参数选项，如图9-2所示。

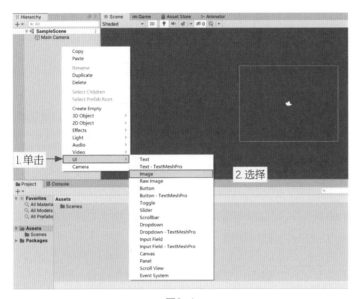

图9-1

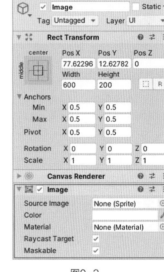

图9-2

9.1.1 Image 组件

Image组件为图片组件，用于显示VR/AR产品的UI界面中各UI元素的图片，如常见的按钮、对话框的图片等，如图9-3所示。

在设置Image组件中显示的图片前，必须先在Project窗口中选中图片。例如，先选中menu-button图片，然后在图片的

图9-3

Inspector窗口中，单击Texture Type属性右侧的下拉按钮 ▼，在展开的下拉列表中将图片的类型设置为"Sprite（2D and UI）"，否则Image组件将无法显示该图片，如图9-4所示。

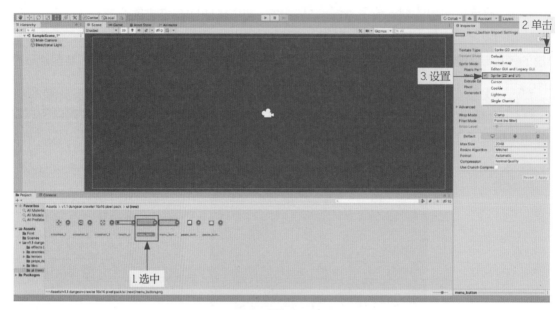

图9-4

在Image组件的Inspector窗口中，展开Image组件的参数选区，单击Source Image属性右侧的 ⊙ 按钮，调出Select Sprite窗口，可以在该窗口中通过搜索图片的名称找出所需的Image组件显示的图片（名为menu-button）进行设置，如图9-5所示。

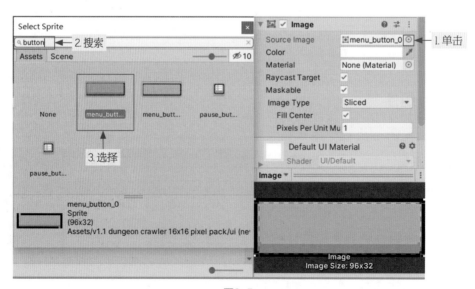

图9-5

Image组件显示的图片设置完毕后，图片尺寸默认和Image组件的尺寸相同，如图9-6所示。

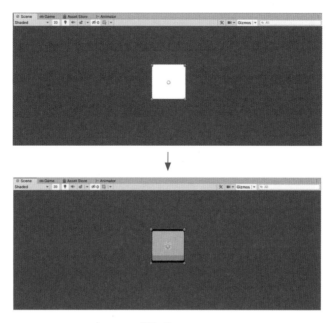

图9-6

从图9-6中可以看出，显示图片若保持Image组件默认的尺寸会使图片变形，在画面中显得很不美观。为了让Image组件显示的图片恢复成图片的原始尺寸，可在设置Image组件显示的图片后，在Hierarchy窗口中选中Image组件，然后在Image组件的参数选区中单击"Set Native Size"按钮，如图9-7所示。显示图片恢复成原始尺寸的效果如图9-8所示。

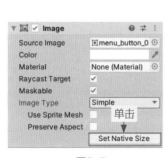

图9-7

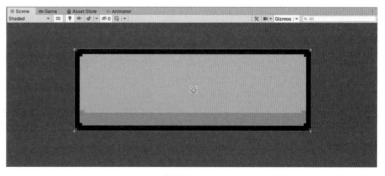

图9-8

如果Image组件显示的图片的清晰度不够，则可以在Project窗口中选中该图片，然后在Inspector窗口中单击Filter Mode属性右侧的下拉按钮，在展开的下拉列表中，将图片的过滤模式设置为"Point（no filter）"，以提高图片的清晰度，如图9-9所示。

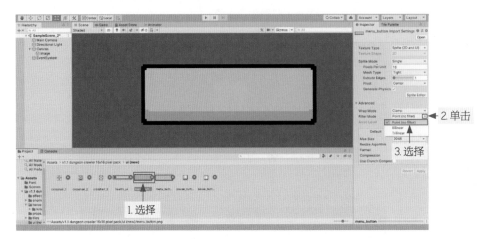

图9-9

为了满足 UI 界面对不同背景图片的显示要求，Image 组件提供了 4 种不同类型的显示方式，分别为 Simple、Sliced、Tiled 和 Filled。在 Inspector 窗口中定位到 Image 组件的参数选区，单击 Image Type 属性右侧的下拉按钮，在展开的下拉列表中进行选择，如图9-10所示。

在 VR/AR 产品的 UI 设计中，常用的显示方式是 Simple、Tiled 和 Filled。

● Simple：按照图片原本的样子进行显示，这是 UI 设计中最常用的一种显示方式。

● Tiled：复制显示的图片，让图片在 Image 组件中尽可能多地重复显示。图片显示的数量由 Image 组件的大小决定，如图9-11所示。

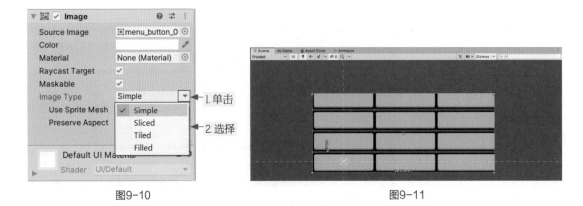

图9-10　　　　　　　　　　　图9-11

提示　Image 组件的大小可使用 Rect Tool（矩形工具）进行修改，修改方法参见9.2节。

● Filled：让图片以填充的方式显示。可以通过修改填充方法、填充起点和填充比例控制图片的填充效果。

填充比例控制的是图片内容显示的多少，填充比例的数值设置得越高，显示的图片内容越多；填充比例的数值设置得越低，显示的图片内容越少。可以在Image组件的参数选区中，通过拖曳Fill Amount属性的滑块对填充比例的数值进行设置，如图9-12所示。

在Image组件的参数选区中，单击Fill Method属性右侧的下拉按钮，在展开的下拉列表中可以设置填充方式，如图9-13所示。

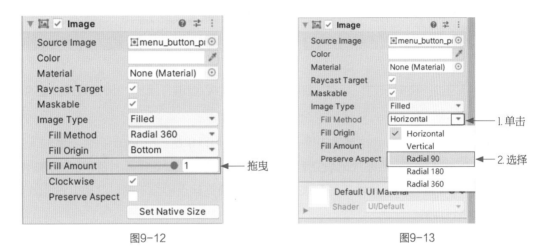

图9-12　　　　　　　　　　　　　图9-13

5种填充方式的作用如下。

● Horizontal：横向填充，即图片沿水平方向进行填充，填充效果如图9-14所示。

● Vertical：纵向填充，即图片沿垂直方向进行填充，填充效果如图9-15所示。

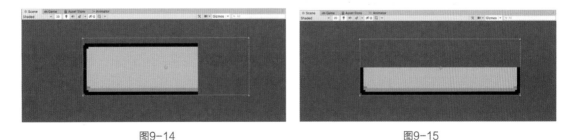

图9-14　　　　　　　　　　　　　图9-15

● Radial 90：径向90°填充，即图片以自身矩形的4个角中的1个角为填充起点，按照顺时针90°的方向进行填充。图9-16展示的是以矩形的左下角为填充起点、径向90°填充的效果。

● Radial 180：径向180°填充，即图片以自身矩形的4个角中的1个角为填充起点，按照顺时针180°的方向进行填充。图9-17展示的是以矩形的左下角为填充起点、径向180°填充的效果。

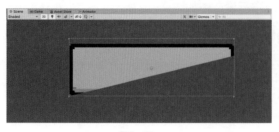
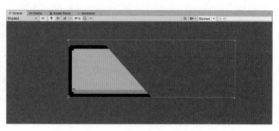

图9-16 图9-17

● Radial 360：径向360°填充，即图片绕自身中心点进行填充，填充效果如图9-18所示。

在Image组件中，Fill Origin属性决定了填充起点。可以单击Fill Origin属性右侧的下拉按钮，在展开的下拉列表中设置图片的填充起点。不同的填充起点决定了图片的填充方向。在不同的填充方式下，Fill Origin属性下拉列表中可选择的填充起点也会不同，这里以Horizontal填充方式为例进行讲解。

在Horizontal填充方式下，可选择的填充起点有Left和Right两种。单击Fill Origin属性右侧的下拉按钮，在展开的下拉列表中选择填充起点，如图9-19所示。

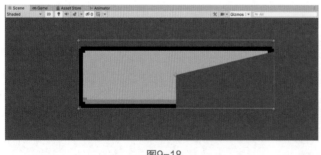

图9-18

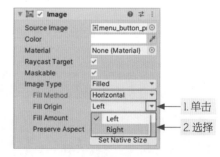

图9-19

● Left：图片以矩形边框的左侧为起点进行填充，此时图片的填充方向为从左向右，填充效果如图9-20所示。

● Right：图片以矩形边框的右侧为起点进行填充，此时图片的填充方向为从右向左，填充效果如图9-21所示。

图9-20   图9-21

提示 图9-20和图9-21所示的矩形边框，可在选中Image组件后切换到Rect Tool矩形工具模式下看到。有关Rect Tool的详细介绍请参见9.2节。

9.1.2 Text 组件

Text组件为本文组件，用于显示UI界面的文字。Text组件的常用的属性有Text、Font、Font Style和Alignment，下面对这些常用属性进行详细讲解。

Text属性用于设置显示的文字。创作者在Text属性对话框中输入想要显示的文字即可，如图9-22所示。设置显示文字后的效果展示如图9-23所示。

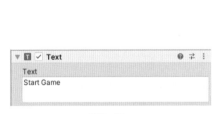

图9-22   图9-23

在Text属性对话框中输入要显示的文字后，可以使用Font属性设置字体。单击Font属性后的 ◉ 按钮，在弹出的"Select Font"对话框中对字体进行设置，如图9-24所示。

Font Style属性用于设置字体的样式。单击Font Style属性右侧的下拉按钮，在展开的下拉列表中可以选择需要的字体样式，如图9-25所示。

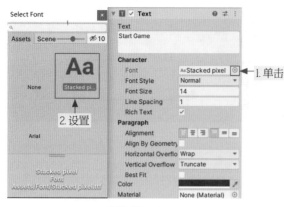

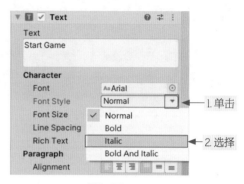

图9-24 图9-25

- Normal：默认字体样式，即以字体自身的样式显示。

- Bold：字体加粗。

- Italic：字体斜体。

- Bold And Italic：字体加粗并倾斜。

Font Size属性用于设置Text组件显示的文字的字体大小。

Paragraph选项组中的Alignment属性用于设置文字对齐的方式。可以单击Alignment属性右侧的对齐方式图标来设置文字的对齐方式，对齐方式图标从左至右分别为水平方向的左对齐、居中对齐、右对齐，以及垂直方向的靠上对齐、居中对齐、靠下对齐，如图9-26所示。

Color属性用于设置文字显示的颜色。可以单击Color属性右侧的颜色条，然后在弹出的"Color"对话框中设置文字的RGB值，如图9-27所示。

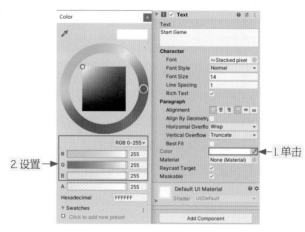

图9-26 图9-27

9.1.3 Rect Transform 组件

Rect Transform组件为矩形变换组件,用于设置UI组件的位置、旋转角度和缩放比例。所有的UI组件都会自带一个Rect Transform组件,该组件在Inspector窗口中的参数选项如图9-28所示。

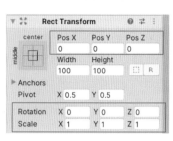

图9-28

Rect Transform组件的常用属性的功能如下。

● Pos X、Pos Y、Pos Z:用于设置UI组件在画面中的位置。

● Rotation:用于设置UI组件的旋转角度。

● Scale:用于设置UI组件的缩放比例。

9.1.4 Button 组件

Button组件为按钮组件,用于制作各种功能按钮。可以为Button组件设置各种不同功能的函数,当用户在单击Button组件时,Button组件就会执行相应函数的功能。利用这个原理用户可以控制VR/AR产品功能的执行。创建Button组件后的效果展示如图9-29所示。

可以对Button组件中显示的图片和文字进行设置。在Hierarchy窗口中选中Button组件的物体对象Button,单击Button物体对象左侧的下拉按钮,可以看到Button物体对象的子物体对象Text,如图9-30所示。

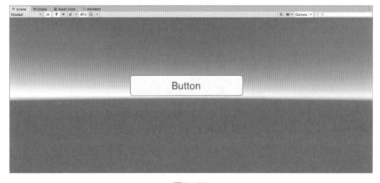

图9-29

图9-30

对于Button物体对象,除了可以添加Button组件外,还可以添加Image组件,而Text子物体对象只能添加Text组件。可以在Hierarchy窗口中分别选中这些物体对象,在

Inspector窗口中对组件显示的图片、执行的函数以及显示的文字进行设置。

在Hierarchy窗口中选中Button物体对象时，在Inspector窗口中会显示Image组件的参数选项，通过对Image组件的Source Image属性进行设置，可以设置按钮显示的图片。在Hierarchy窗口中选中Text物体对象时，在Inspector窗口中会显示Text组件的参数选项，通过对Text组件的Text属性进行设置，可以设置按钮显示的文字。

设置按钮的显示图片和显示文字后的效果如图9-31所示。

图9-31

在设置按钮执行的函数时，需要先在Hierarchy窗口中选中创建的Button物体对象，在Inspector窗口中找到Button组件的参数选区，单击 + 按钮创建一个用于获取脚本的属性，然后从Hierarchy窗口中将一个添加有脚本的物体对象拖曳到这个属性中，如图9-32所示。

图9-32

获取脚本后，即可在Button组件的参数选区中，单击No Function右侧的下拉按钮，在展开的下拉列表中设置Button组件的执行函数。这里设置的执行函数为Method()，如图9-33所示。设置的执行函数均来源于获取的脚本，并且只有函数在脚本中的访问权限是public的情况下，才可以将函数设置为Button组件的执行函数。设置完毕后运行VR/AR产品，单击画面中的Button组件即可控制函数的执行。

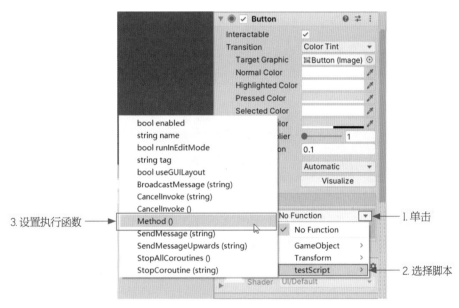

图9-33

9.1.5 Slider 组件

Slider组件为滑动条组件，用于制作UI界面中控制音量大小的滑动条。将Slider组件添加到场景中后，用户可以在运行VR/AR产品后，通过拖曳滑动条的滑块来改变填充的比例，如图9-34所示。

当用户拖曳Slider组件的滑块来改变Slider组件的填充比例时，Slider组件的Value属性会更新填充比例的数值，如图9-35所示。

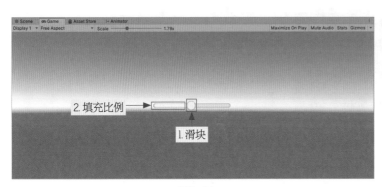

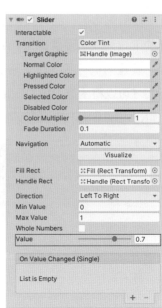

图9-34　　　　　　　　　　　　　　　　　　　　　图9-35

利用Value属性会更新滑动条填充比例的这个特点，可以实现控制VR/AR产品的音量的功能，具体的应用方法会在9.4.2小节中讲解。

9.1.6　Toggle 组件

Toggle组件为切换组件，用于制作UI界面中的复选框。用户可以使用Toggle组件来控制某项功能的开启或关闭，例如背景音乐的开启和关闭。

在运行VR/AR产品后，在画面中可单击Toggle组件来控制某项功能的开启或关闭。当Toggle组件中的对钩图标为显示状态时，表示该功能处于开启的状态；当对钩图标为隐藏状态时，表示该功能处于关闭状态，如图9-36所示。

在单击Toggle组件的对钩图标控制它的显示和隐藏状态时，Toggle组件的Is On属性的单选框的状态会根据对钩图标的显示和隐藏状态进行变化。当对钩图标处于显示状态时，Is On属性的单选框处于选中状态，如图9-37所示；当对钩图标处于隐藏状态时，Is On属性的单选框处于取消选中的状态。而在脚本中，当对钩图标处于显示状态时，Is On的属性值为true，反之则为false。利用这一特点，创作者可以在脚本中控制背景音乐的开启或关闭，具体的应用方法会在9.4.2小节中讲解。

图9-36　　　　　　　　　　　　　　　　　　　图9-37

9.2 Rect Tool

Rect Tool为矩形工具，其作用与Rect Transform组件的作用一样，都是通过拖曳的方式控制UI组件的位置、旋转角度及缩放比例，但是使用Rect Tool的效果更加直观。如果要切换到Rect Tool模式下，可在选中UI组件后，单击Unity界面中的▦按钮（或按"T"键），如图9-38所示。

图9-38

切换到Rect Tool模式后，UI组件会被由4个蓝色小点构成的矩形框住，如图9-39所示。当鼠标指针处在矩形的内部时，按住鼠标左键并拖曳即可调整UI组件的位置。

当鼠标指针处在小蓝点附近的位置时，按住鼠标左键进行拖曳即可调整UI组件的旋转角度，如图9-40所示。

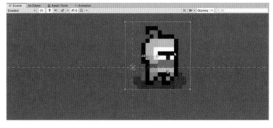

图9-39

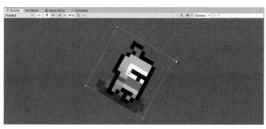

图9-40

当鼠标指针处于小蓝点或矩形边框上时，按住鼠标左键进行拖曳，即可调整UI组件的大小。其中，当鼠标指针处于小蓝点上，按住鼠标左键进行拖曳时，UI组件会按照等比例的方式进行缩放；而当鼠标指针处于矩形边框的任意位置进行拖曳时，只会调整UI组件的宽度或高度，这会使UI组件变形，如图9-41所示。

图9-41

9.3 Canvas物体对象

创作者在第一次创建UI组件时，Unity会在Hierarchy窗口中自动创建一个Canvas（画布）物体对象，该物体对象是所有UI组件的父物体，所有UI组件的显示方式都会受到Canvas物体对象的控制，如图9-42所示。

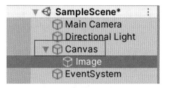

图9-42

提示 创建的所有UI组件会自动成为Canvas物体对象的子物体，不是UI组件的物体对象需要手动设置。

在Hierarchy窗口中选中Canvas物体对象后，在Canvas物体对象的Inspector窗口中可以看到3种UI组件，分别是控制UI组件的渲染顺序和渲染模式的Canvas组件，控制UI组件在不同分辨率下进行尺寸大小自适应的Canvas Scaler组件，以及控制UI单击事件的Graphic Raycaster组件，这里主要介绍Canvas组件和Canvas Scaler组件。

9.3.1 Canvas 组件

Canvas组件的功能是控制Canvas物体对象下所有UI组件的渲染顺序和渲染模式。UI组件的渲染顺序是指UI组件在画面中渲染的先后顺序，渲染的先后顺序由这些UI组件在Hierarchy窗口中排列的先后顺序决定，顺序靠前的UI组件会被优先渲染，反之，顺序靠后的UI组件则会被延后渲染。

例如，在图9-43所示的Hierarchy窗口中，Image组件排在了Text组件的前面，因此Image组件的图片会被优先渲染，Text组件的文字会被延后渲染，所以Image组件的图片会显示在Text组件的文字的后面，效果如图9-44所示。

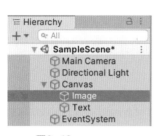

图9-43 · 图9-44

如果让Text组件排在Image组件的前面，那么Text组件的文字会被优先渲染，效果如图9-45所示。

UI组件的渲染模式是指设置这些组件所在的渲染空间。在Unity中，UI组件的渲染空间分为Screen Space（屏幕空间）和World Space（世界空间）两种，而Screen Space又分为Screen Space-Overlay和Screen Space-Camera两种。创作者可以在Canvas组件的参数选区中，单击Render Mode属性的下拉按钮，在展开的下拉列表中选择渲染模式，如图9-46所示。

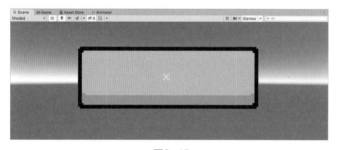

图9-45 · 图9-46

在不同的渲染模式下，UI组件将呈现出不同的渲染效果，下面对这些渲染模式进行详细的讲解。

1. Screen Space-Overlay渲染模式

Screen Space-Overlay是最常用的一种渲染模式。在此渲染模式下，所有UI组件将无视与场景中的距离，默认显示在画面中所有物体对象的前面，如图9-47所示。

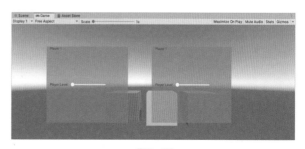

图9-47

2. Screen Space-Camera渲染模式

在Screen Space-Camera渲染模式下，可以给Canvas组件的Event Camera属性指定一台渲染UI组件的相机，让场景中的物体对象能有机会显示在UI组件的前面，如图9-48所示。

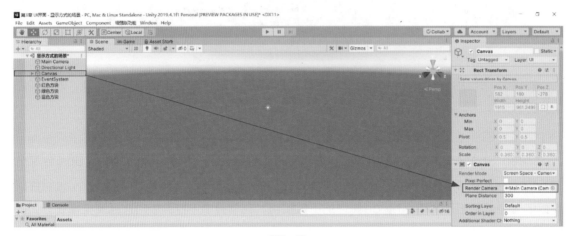

图9-48

在指定渲染UI组件的相机后，UI组件和物体对象在画面中渲染的先后顺序，将由它们和相机之间的距离决定。例如，在图9-49所示的场景中，有相机、3种不同颜色的立方体（物体对象）、两块绿色的幕布等元素，其中绿色的幕布由Image、Text及Slider组件构成，其中立方体和绿色的幕布在z轴方向上与相机的距离，决定了它们在画面中的渲染顺序，与相机距离更近的一方会先被渲染。

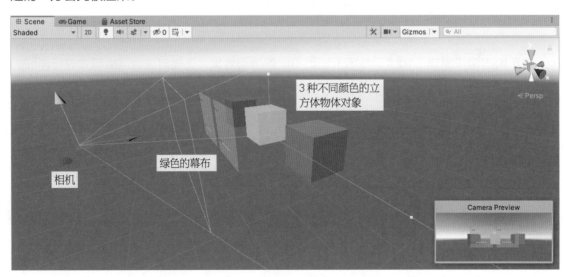

图9-49

从图9-49中可以看出，在z轴方向上，绿色的幕布明显要比立方体距离相机要近，所以绿色的幕布会在立方体的前面被渲染，如图9-50所示。

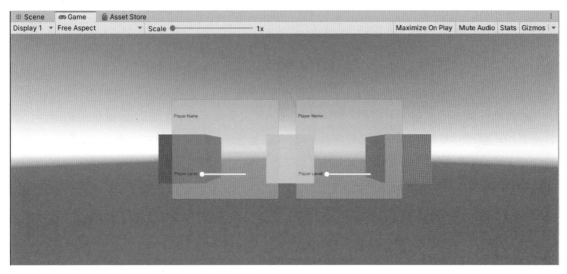

图9-50

反之，如果立方体距离相机更近一些，那么立方体就会在绿色的幕布的前面被渲染，如图9-51所示。

3. World Space渲染模式

Canvas组件在Screen Space-Overlay和Screen Space-Camera渲染模式下，Canvas物体对象的Rect Transform组件的参数选区呈半透明的状态，表示此时创作者无法通过设置Rect Transform组件的参数，或者使用Rect Tool改变Canvas物体对象的位置、旋转角度和缩放比例，如图9-52所示。

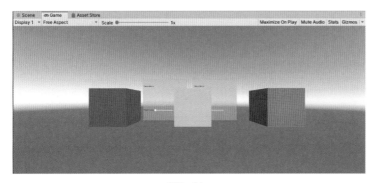

图9-51

图9-52

只有在World Space渲染模式下，创作者才可以通过设置Rect Transform组件的参数，或者使用Rect Tool改变Canvas物体对象的位置、旋转角度和缩放比例。因此，在制作具有一定位移效果的UI组件时，为了方便控制这些UI组件在场景中的位移，创作者会把Canvas组件的渲染模式设置为World Space。

9.3.2 Anchor 属性和 Canvas Scaler 组件

随着硬件技术的发展，可供用户选择的VR/AR设备越来越多。由于设备性能的差异，其分辨率和画面尺寸都各不相同，这会使得UI组件在画面中的位置和尺寸发生变化，所以创作者需要使用Rect Transform组件的Anchor（锚点）属性和Canvas Scaler组件的尺寸适配功能控制UI组件在不同分辨率下的自适应性。

1. Anchor

当画面的分辨率发生变化时，UI组件在画面中的位置和尺寸也会发生变化。创作者可以在Game窗口中，单击Free Aspect右侧的下拉按钮，在展开的下拉列表中对画面的分辨率进行设置，如图9-53所示。

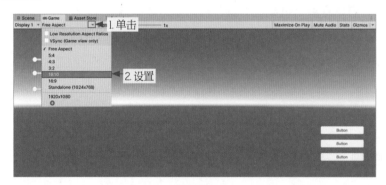

图9-53

图9-54为设置画面分辨率前的效果展示，此时的UI组件能够正常显示在画面中。

图9-55为设置画面分辨率后的效果展示，由于分辨率发生了变化，Canvas物体对象的尺寸发生了变化，导致UI组件脱离了Canvas物体对象的显示范围。

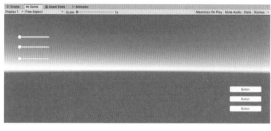

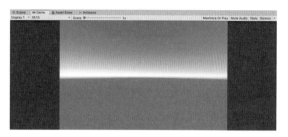

图9-54

图9-55

图9-56中的白色矩形框就是Canvas物体对象的显示范围，创作者在Hierarchy窗口中选中Canvas物体对象，并切换到Rect Tool后就可看到它。从图9-56中可以看出，所有的UI组件都处在Canvas物体对象的显示范围之外，所以无法在画面中看到它们。

为了避免出现这样的问题，这些UI组件的Rect Transform组件提供了Anchor（锚点）功能来固定UI组件在画面中的位置。通过设置这些UI组件的锚点位置，可以将 UI组件固定在Canvas物体对象的显示范围内，如图9-57所示。

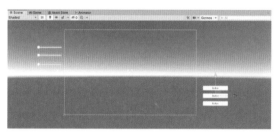

图9-56

图9-57

在图9-58中，锚点呈现一朵花的形状，创作者可在选择Rect Tool后看到该锚点。可以通过拖曳锚点来设置UI组件在Canvas物体对象的显示范围内的位置。例如，无论在何种分辨率下，都希望在图9-58所示的画面中，右下角的UI组件固定显示在该画面右下角的位置，则可以将这些UI组件的锚点设置在Canvas物体对象显示范围内的右侧，如图9-59所示。

这里有一点需要注意，在图9-58中，Canvas物体对象的右侧其实有3个锚点，为了让右下角的3个UI组件固定显示在画面右下角的位置，所以把3个UI组件的锚点都设置在了Canvas物体对象显示范围内的右侧，因此画面中才会看起来只有1个锚点。

同理，如果希望左上角的3个UI组件固定显示在画面左上角的位置，则需要把它们的锚点设置在Canvas物体对象显示范围内的左侧，如图9-59所示。

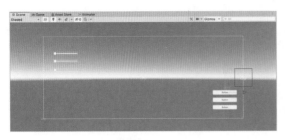

图9-58　　　　　　　　　　　　　　　　　　图9-59

通过在不同分辨率下的对比可以发现，无论如何修改画面的分辨率，左上角和右下角的UI组件都能固定显示在各自的位置上。不同分辨率下UI组件显示位置的效果对比如图9-60和图9-61所示。

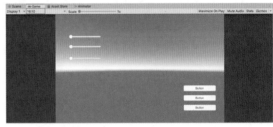

图9-60　　　　　　　　　　　　　　　　　　图9-61

2. Canvas Scaler

解决了UI组件在不同分辨率下会脱离画面显示范围的问题后，还需要解决UI组件尺寸比例适配的问题。由于显示设备的画面尺寸大多存在一些差异，因此UI组件在两台分辨率相同、画面尺寸不同的设备上显示时，会出现UI组件显示不完全的问题。测试VR/AR产品在相同的分辨率、不同的画面尺寸下的显示效果的操作流程如下。

在Unity中，通过向左拖曳Inspector窗口来改变画面的尺寸，如图9-62所示。

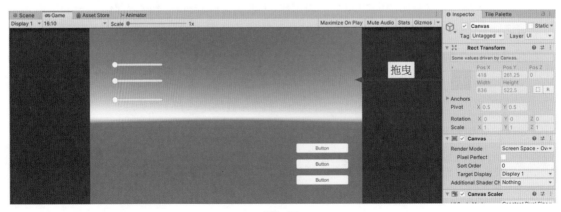

图9-62

向左拖曳Inspector窗口后的效果如图9-63所示。此时相较于图9-62而言，由于Game窗口的画面尺寸发生了变化，而画面中的UI组件并没有进行正确的尺寸适配，导致UI组件过大且显示不全。

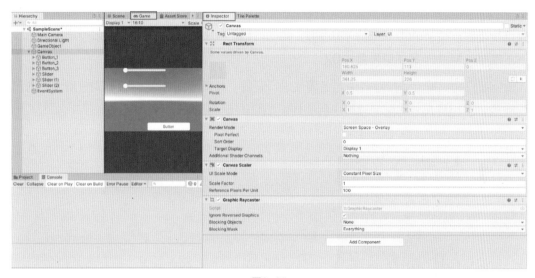

图9-63

此时需要使用Canvas Scaler（画布缩放）组件解决UI组件尺寸适配的问题。Canvas Scaler组件提供了3种UI组件尺寸的适配方式，单击UI Scale Mode属性右侧的下拉按钮，在展开的下拉列表中可以进行选择具体的适配方式，如图9-64所示。

3种适配方式的作用各不相同，其中Constant Pixel Size根据UI组件的像素大小进行适配，Scale With Screen Size根据屏幕的分辨率大小进行适配，Constant Physical Size根据UI组件的物理大小进行适配，这里以最常用的Scale With Screen Size适配方式为例进行讲解。

Scale With Screen Size最常用的属性是Reference Resolution和Match，如图9-65所示。

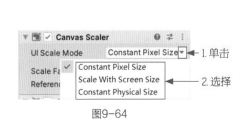

图9-64

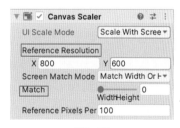

图9-65

Reference Resolution属性用于设置UI组件进行尺寸适配的参考分辨率，通常保持默认数值（X为800，Y为600）即可。

Match属性用于设置尺寸适配的权重。当Match属性值为0时，Canvas Scaler组件只针对UI组件的宽度进行适配；当Match属性值为1时，Canvas Scaler组件只针对UI组件的高度进行适配；当Match属性值为0.5时，则同时根据UI组件的宽度和高度进行适配。一般情况下，推荐将Match属性值设置为0.5。

创作者只需根据上述推荐数值对各属性进行设置，即可解问UI组件在不同分辨率下的尺寸适配问题。UI组件尺寸适配问题解决后的效果如图9-66所示。

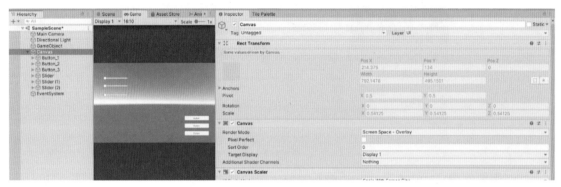

图9-66

9.4 Audio Source组件

为了渲染气氛，Unity提供了用于在VR/AR产品里添加各种BGM的 Audio Source（音频源）组件。这里有一点需要注意，Audio Source组件并不属于UI组件，但是它常和UI组件一起实现VR/AR产品中播放BGM的功能。

9.4.1 播放音效

在播放BGM前，需要先在Project窗口中导入BGM的音频文件。导入BGM的音频文件后，在Hierarchy窗口中选中一个物体对象，为这个物体对象添加Audio Source组件。然后在Inspector窗口中找到Audio Source组件的参数选区，在Project窗口中选中BGM的音频文件，并将其拖曳到Audio Source组件的AudioClip属性中，为Audio Source组件添加播放的音频文件，最后运行VR/AR产品，即可听到BGM的音效，如图9-67所示。

图9-67

9.4.2 Audio Source 组件和 UI 组件的综合运用

本节讲解如何将Audio Source组件分别与Slider组件、Toggle组件配合实现控制VR/AR产品的音效。

1. Audio Source 与 Slider 组件的综合运用

Slider组件通常用于控制Audio Source组件的音量大小，用户可以通过拖曳Slider组件的滑块，调整Slider组件的填充比例，从而对Audio Source组件的音量进行控制。Slider组件的填充比例越高，Audio Source组件播放的音量就越大。

创作者需要先在Hierarchy窗口中创建一个Slider组件，以及名为"GameObjectA"和"GameObjectB"的两个空物体对象，并将GameObjectA和GameObjectB设置为Canvas物体对象的子物体，如图9-68所示。

在Project窗口中单击鼠标右键，创建一个名为"SliderScript"的脚本。双击该脚本，进入Visual Studio编辑器，编写控制Audio

图9-68

Source组件播放音量的代码，如代码清单1所示。

```
代码清单1
01.      using System.Collections;
02.      using System.Collections.Generic;
03.      using UnityEngine;
04.      using UnityEngine.UI;
05.      public class SliderScript:Monobehaviour
06.      {
07.      public Slider slider;
08.      public AudioSource audio;
09.      private void Update()
10.      {
11.          audio.volume=slider.value;
12.      }
13.      }
```

上述代码中，关键行代码的作用如下。

● 第4行代码的作用：在定义UI组件相关的对象前，使用using关键字将包含UI组件类的命名空间UnityEngine.UI导入脚本中。

● 第7行和第8行代码的作用：定义一个slider对象和一个audio对象，用于在脚本中获取Slider和Audio Source组件。为了方便组件的获取，将对象的访问权限均设置为public。在SliderScript脚本的参数面板中会增加一个用于获取Slider组件的Slider属性，以及获取Audio Soure组件的Audio属性。

● 第9～12行代码的作用：访问audio对象的volume变量（用于表示Audio Source组件音量大小的变量），并使用slider对象的value变量（用于表示Slider组件填充比例的变量）对其进行赋值。

代码编写完毕后，为GameObjectA和GameObjectB分别添加SliderScript脚本和Audio Source组件，将添加有Slider组件的Slider物体对象和添加有Audio Source组件的GameObjectB物体对象拖曳到SliderScript脚本参数面板的Silder和Audio属性中。在Audio Source组件的参数面板中，为AudioClip属性添加用于播放的BGM的音频文件，最后运行VR/AR产品，即可拖动Slider组件的滑块来控制音量的大小。

2. Audio Source与Toggle组件的综合使用

Toggle组件常用于控制Audio Source组件是否开启静音模式。当Toggle组件中的对钩图标为显示状态时，Audio Source组件就开启了静音模式；当Toggle组件中的对钩图标为隐藏状态时，Audio Source组件就关闭了静音模式。

创作者需要在Hierarchy窗口中，创建一个Toggle组件，以及名为"ObjectA"和"ObjectB"的两个空物体对象，并将ObjectA和ObjectB设置为Canvas物体对象的子物体，如图9-69所示。

在Project窗口中单击鼠标右键，创建一个名为"ToggleScript"的脚本，双击该脚本进入Visual Studio编辑器，编写控制Audio Source组件是否开启静音模式的代码，如代码清单2所示。

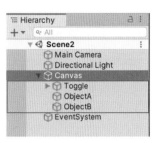

图9-69

代码清单2
```
01.      using System.Collections;
02.      using System.Collections.Generic;
03.      using UnityEngine;
04.      using UnityEngine.UI;
05.      public class ToggleScript : MonoBehaviour
06.      {
07.          public Toggle toggle;
08.          public AudioSource audio;
09.          private void Update()
10.          {
11.              audio.mute = toggle.isOn;
12.          }
13.      }
```

上述代码中，关键行代码的作用如下。

● 第7行和第8行代码的作用：定义一个Toggle 对象toggle，以及一个AudioSource对象audio，分别用于在脚本中获取Toggle组件及Audio Source组件。为了方便获取组件，将toggle对象和audio对象的访问权限设置为public。在ToggleScript脚本的参数面板中会增加一个用于获取Toggle组件的Toggle属性和Audio属性。

● 第9～12行代码的作用：在Update函数中，访问audio对象的mute变量（用于表示Audio Source组件是否开启静音模式），并使用toggle对象的isOn变量（用于表示Toggle组件的对钩图标当前的状态）对其进行赋值。当Toggle组件的对钩图标处于显示状态时，isOn变量的值为true，此时Audio Source组件开启静音模式；当Toggle组件的对钩图标处于隐藏状态时，isOn变量的值为false，此时Audio Source组件关闭静音模式。

代码编写完后，为ObjectA和ObjectB组件分别添加ToggleScript脚本和Audio Source组件，将添加有Toggle组件的Toggle物体对象和添加有Audio Source组件的ObjectA物体对象拖曳到ToggleScript脚本的参数面板的Toggle和Audio属性中。在Audio Source组件的参数选区中为Audio Clip属性添加用于播放的音频文件，最后运行VR/AR产品，即可通过单击Toggle组件中的对钩图标来控制Audio Source组件是否开启静音模式。

9.5 同步强化模拟题

1. Image组件的大小可使用（　　）进行修改。

A. Rect Tool　　　　　B. Edit　　　　　C. Pasle　　　　　D. Play

2. （　　）属性用于设置Text组件显示的文字的字体大小。

A. Bold　　　　　B. Font Size　　　　　C. Normal　　　　　D. Italic

3. 在单击Toggle组件的对钩图标控制它的显示和隐藏状态时，在脚本中，Toggle组件的Is On属性值会根据对钩图标的显示和隐藏状态进行变化。当对钩图标处于显示状态时，Is On的属性值为（　　）。

A. false　　　　　B. Normal　　　　　C. Italic　　　　　D. if

二、多选题

1. 为了满足UI界面对不同背景图片的显示要求，Image组件提供了不同类型的显示方式，分别为（　　）。

A. Simple　　　　　B. Complex　　　　　C. Tiled

D. Filled　　　　　E. Sliced

2. Rect Transform（矩形变换）组件用于设置UI组件的（　　）。

A. 位置　　　　　B. 颜色　　　　　C. 缩放倍数　　　　　D. 旋转角度

三、判断题

1. 在Image组件的Inspector窗口中，找到Image组件的参数选区，单击Source Image属性右侧的 ◎ 按钮，可调出用于显示图片的Select Sprite窗口。（　　）

2. Button组件常用于制作各种功能按钮，可以为Button组件设置各种不同功能的函数。（　　）

3. Button组件常用于制作UI界面中控制音量大小的滑动条，用户可以在运行VR/AR产品后，通过拖曳滑动条的滑块来改变填充的比例。（　　）

第 10 章

VR/AR产品的发布

VR/AR产品制作完毕后，为了最大限度地发挥产品的价值，创作者通常会把VR/AR产品发布到不同的平台，生成产品在相应平台上运行所需的执行文件或安装包。具体生成的是安装包，还是可执行文件，由创作者选择的发布平台决定。例如，若创作者选择的发布平台是Android和iOS，那么生成的就是安装包；若选择的发布平台是Windows和Mac，那么生成的就是可执行文件。在生成可执行文件或安装包后，创作者可以将它们上传到这些平台的应用商店。目前的主流平台有Windows、Mac、Android、iOS等，本章将会讲解如何把制作完毕的VR/AR产品发布到这些平台，生成相应的可执行文件或安装包。

10.1 下载和安装发布平台

创作者在将VR/AR产品发布到不同平台前，需要先在Unity Hub中下载和安装发布平台，具体的操作步骤如下。

（1）打开Unity Hub，单击"安装"按钮，如图10-1所示，进入安装界面。

图10-1

（2）单击已安装的Unity右上角的 ⋮ 按钮，在弹出的子菜单中选择"添加模块"选项，如图10-2所示。

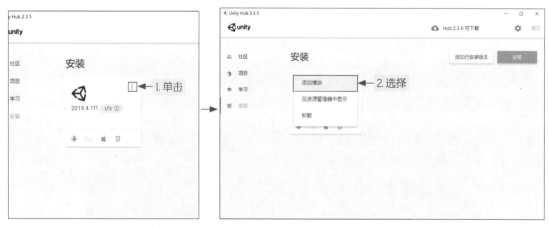

图10-2

（3）在弹出的"添加模块"对话框中，根据VR/AR产品发布的目标平台选择相应的工具包，单击"下一步"按钮，如图10-3所示。Unity Hub会自动进行下载和安装发布平台。

图10-3

10.2 设置发布前的基本参数

为了明确VR/AR产品的版权归属，创作者需要在发布前对VR/AR产品的开发商、产品名称和产品版本编号，以及VR/AR产品的图标和启动画面的图标进行设置。具体的操作步骤如下。

（1）在Unity 的菜单栏中选择"File"→"Build Settings"命令，如图10-4所示，调出Build Settings窗口。

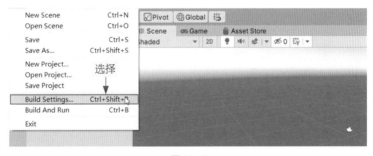

图10-4

（2）单击Build Settings窗口左下角的"Player Settings"按钮，如图10-5所示，切换到Project Settings窗口。

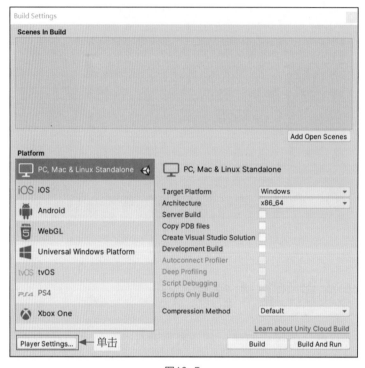

图10-5

（3）创作者可以在"Player"选项卡的Company Name、Product Name和Version属性中，分别设置VR/AR产品的开发商、名称和版本编号，如图10-6所示。

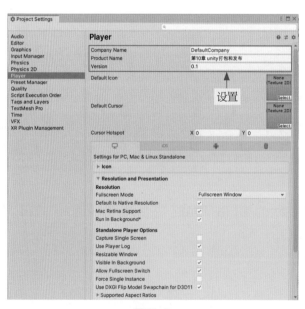

图10-6

（4）在Projects Settings窗口中还可以设置VR/AR产品在相应的发布平台的专属图标和启动画面图标。单击代表VR/AR产品所要发布平台的图标按钮，如图10-7所示，即可切换到相应的平台属性设置选项卡。

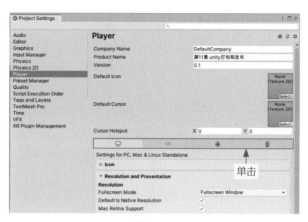

图10-7

在图10-7中，代表发布平台的图标按钮从左到右对应的分别是PC、iOS、Android、WebGL。这里以设置VR/AR产品在PC平台的专属图标和启动画面图标为例进行讲解。

（5）单击PC平台的图标按钮，再单击Default Icon属性右侧的"Select"按钮，在弹出的"Select Texture2D"对话框中选择VR/AR产品专属的图标，如图10-8所示。

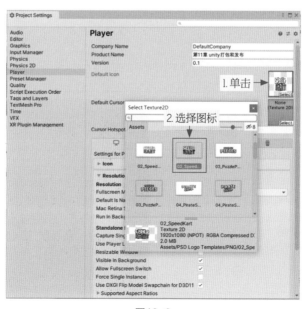

图10-8

（6）在设置VR/AR产品的启动画面图标时，创作者需要先向下滑动滚动条，找到Logos属性所在的位置，并单击"+"按钮，添加一个图标，然后单击图标右下角的"Select"按钮，在弹出的"Select Sprite"对话框中，选择启动画面图标的类型，如图10-9所示。

> 提示 除了单击"Select"按钮进行设置外，创作者还可以通过从Project窗口中向Default Icon和Logos属性拖曳图片来设置VR/AR产品的专属图标和启动画面的图标。

图10-9

（7）设置完毕后，创作者需要将VR/AR产品发布到不同的平台，生成相应平台的可执行文件或安装包后，才能查看VR/AR产品的专属图标和启动画面。例如，VR/AR产品的发布平台为Windows平台，其发布后生成的扩展名为.exe的可执行文件显示的图标就是创作者设置的VR/AR产品的专属图标，如图10-10所示。

（8）双击启动.exe文件，运行VR/AR产品后，即可查看VR/AR产品启动画面的图标效果，如图10-11所示。

> 提示 有关VR/AR产品发布到Windows平台的详细操作请见10.3.1小节。

图10-10

图10-11

10.3 VR/AR产品发布到不同的平台

将VR/AR产品发布到不同平台的操作步骤如下。

（1）打开制作完成的VR/AR产品的Unity工程文件，在Unity的菜单栏中选择"File"→"Build Settings"命令，打开"Build Settings"对话框。这里要将场景文件添加到Scenes In Build属性下，具体的操作是按照各场景在VR/AR产品中的切换顺序，依次双击打开相应的场景文件。再单击"Add Open Scenes"按钮，如图10-12所示。

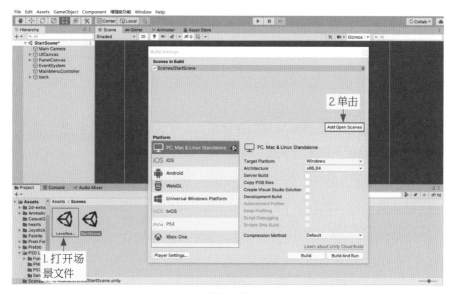

图10-12

> **提示** 除了单击"Add Open Scenes"按钮添加场景外，还可以通过拖曳的方式将场景文件添加到Scenes In Build属性下。

（2）添加场景文件后，创作者可以选择VR/AR产品的发布平台。单击"Switch Platform"按钮切换到相应的平台，如图10-13所示。

（3）单击"Build"按钮，即可发布产品，如图10-14所示。

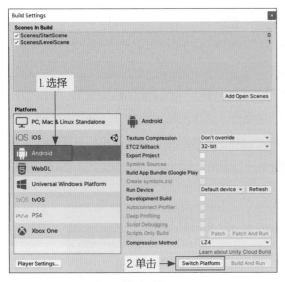

图10-13　　　　　　　　　　　　　　　　图10-14

（4）在弹出的对话框中，选择安装包的存储路径，设置安装包的文件名，单击"保存"按钮，即可在相应的存储路径下生成安装包，如图10-15所示。

图10-15

以上内容为VR/AR产品发布的整体流程，下面将以这个流程为基础，讲解如何把VR/AR产品发布到不同的平台。

10.3.1 发布到Windows和Mac平台

在Unity中，Windows和Mac平台的发布合并在了"PC，Mac & Linux Standalone"

中，创作者如果准备将VR/AR产品发布到Windows或Mac平台，需要将发布平台切换到"PC，Mac & Linux Standalone"。然后单击Target Platform属性右侧的下拉按钮，在展开的下拉列表中选择VR/AR产品具体是发布到Windows平台还是Mac平台，如图10-16所示。

VR/AR产品发布到Windows和Mac平台，生成的可执行文件分别为.exe和.app文件，分别如图10-17和图10-18所示。在VR/AR产品的存储路径中，双击相应平台的可执行文件，即可运行VR/AR产品。

图10-16

图10-17

图10-18

10.3.2 发布到 Android 平台

当创作者选择的发布平台为Android时，可在Build Settings窗口中单击"Build"按钮，选择VR/AR产品发布后的存储路径，将VR/AR产品发布到Android平台，生成Android平台的安装包。

在将VR/AR产品发布到Android平台前，Unity规定创作者必须在Project Settings窗口中Player选项卡的ProductName属性下设置VR/AR产品的名称，否则生成Android平台的安装包时，Unity会弹出一个对话框，提示创作者需要对产品的名称进行设置，如图10-19所示。

提示 如果创作者发布的平台是Windows或Mac，即使不设置VR/AR产品的名称也可以正常发布。如果创作者发布的平台是iOS，则同样需要设置VR/AR产品的名称，但是VR/AR产品发布到iOS平台上的操作，必须要在Mac系统下才能完成。

发布完毕后，Unity会在VR/AR产品发布后的存储路径中生成一个Android平台安装包，创作者只需把安装包发送到Android设备上进行安装即可，如图10-20所示。

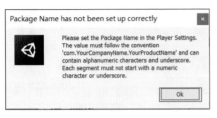

图10-19   图10-20

注意：创作者把VR/AR产品发布到Android平台时，VR/AR产品的工程文件的存储路径以及VR/AR产品发布后的存储路径不能有中文字符，否则在发布的过程中Unity会报错。Windows、Mac和iOS平台则不会有这一限制。

10.3.3 发布到 iOS 平台

由于发布到iOS平台时，需要使用苹果设备专用的编辑器Xcode对发布的VR/AR产品进行设置，因此创作者必须使用Mac设备才能完成VR/AR产品的发布。具体的发布过程如下。

（1）登录Xcode的官网，在官网底部单击"Download Xcode 12"按钮，下载目前最新版本的Xcode，如图10-21所示。

（2）下载并安装完Xcode后，运行Unity，在Unity界面的左上角选择"File"→"Build Settings"命令，调出"Build Settings"对话框，将发布的平台切换为iOS，如图10-22所示。

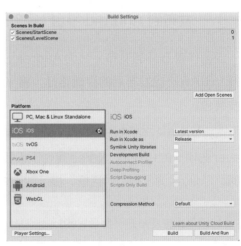

图10-21   图10-22

（3）单击"Build Settings"对话框中的"Build"按钮，选择生成iOS安装包的相关文件的存储路径，然后在相应的存储路径下双击"Unity-iPhone.xcideproj"文件，如图10-23所示，Mac设备会默认使用Xcode来打开这个文件。

（4）如果创作者是第一次使用Xcode，打开"Unity-iPhone.xcideproj"文件时，则需要先登录自己的苹果账号。为此，创作者需要在Mac系统左上角的菜单栏中，选择"Xcode"→"Preferences"命令，如图10-24所示。这会调出用于添加苹果账号的"Accounts"对话框。

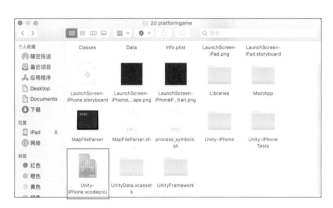

图10-23

图10-24

（5）单击"Accounts"对话框左下角的"+"按钮，在弹出的对话框中选择"Apple ID"选项，单击"Continue"按钮，如图10-25所示。

（6）在弹出的登录对话框中，输入苹果账号和密码，单击"Next"按钮进行登录，如图10-26所示。

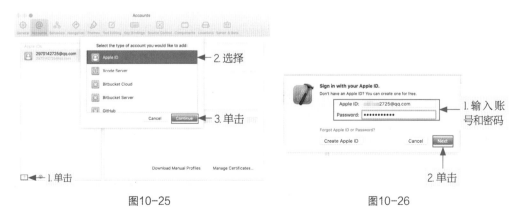

图10-25

图10-26

（7）在Xcode界面的左侧选中"Unity-iPhone"文件，然后对VR/AR产品的Display Name（产品名称）、Bundle Identifier（产品开发商）、Version（产品版本编号）、发布的苹

果设备、最低支持的iOS版本进行设置。其中设置发布的苹果设备是指设置VR/AR产品发布后支持运行的苹果设备。如果苹果设备是iPhone或iPad，生成的是iOS平台的安装包；如果苹果设备是Mac，生成的是".dmg"文件。这里以发布到iPhone或iPad为例进行讲解，如图10-27所示。

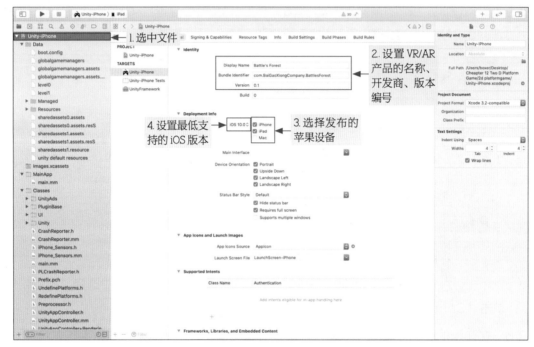

图10-27

（8）设置完毕后，在Xcode界面中单击"Signing & Capabilites"选项卡，切换到Siging & Capabilites界面，勾选"Automatically manage signing"复选框，单击"Add Account"按钮，在弹出的下拉列表中选择添加已登录的苹果账号，对iOS安装包的发布进行认证，如图10-28所示。

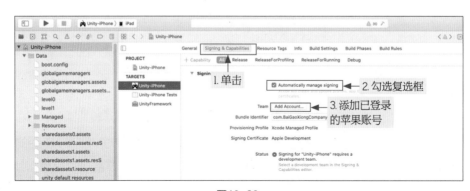

图10-28

（9）认证完毕后，使用一根数据线将iPad或iPhone和当前用来发布VR/AR产品的Mac设备连接。连接成功后，单击Xcode界面左上角的 ▶ 按钮，即可将VR/AR产品安装到连接的iPad或iPhone中。

这里要注意，在iPad或iPhone中安装自己开发的第三方应用软件时，需要在iPad或iPhone的"设置"界面中将自己的苹果账号添加为可信任账号，才可以运行这款应用软件，详细的操作如下。

① 打开设备的"设置"界面，单击"通用"选项，在"通用"界面中选择"设备管理"，如图10-29所示。

② 在"设备管理"界面中会列出第三方VR/AR产品创作者的苹果账号，单击创作者账号，如图10-30所示。

图10-29

③ 进入添加信任账号的界面，单击"信任'Apple Development：XXXX'"，将自己的苹果账号设置为可信任即可，如图10-31所示。

图10-30   图10-31

10.4 同步强化模拟题

1. VR/AR产品的发布在Windows平台时，生成的可执行文件为（ ）文件。

A. .com   B. .bat   C. .exe   D. .dng

2. VR/AR产品发布到iOS平台上的操作，必须要在（ ）系统下才能完成。

A. Mac   B. Windows   C. Android   D. iOS

3. 创作者把VR/AR产品发布到Android平台时，VR/AR产品的工程文件的存储路径以及VR/AR产品发布后的存储路径不能够有（ ）。

A. 数字   B. 英文字符   C. 标点字符   D. 中文字符

4. 创作者在将VR/AR产品发布到不同平台前，需要先在Unity Hub中下载和安装（ ）。

A. Unity   B. Android   C. iOS   D. Unity Hub

二、多选题

1. 为了明确VR/AR产品的版权归属，创作者需要在VR/AR产品发布前对VR/AR产品的（ ）进行设置。

A. 开发商   B. 作者   C. 产品名称   D. 产品版本编号

E. 图标   F. 启动画面的图标

2. 设置发布苹果设备是指设置VR/AR产品发布后支持运行的苹果设备。当设置的苹果设备是（ ）时，生成的是iOS平台的安装包。

A. Mac   B. iPhone   C. iPad   D. Android

三、判断题

1. VR/AR产品在制作完毕后，创作者通常会把VR/AR产品发布到不同的平台，生成产品在各平台运行时所需的相同格式的执行文件或安装包。（ ）

2. 创作者将VR/AR产品发布到不同的平台时，无须生成相应平台的执行文件和安装包，就可以查看VR/AR产品的专属图标和启动画面。（ ）

3. 在Unity中，创作者如果准备将VR/AR产品发布到Windows或Mac平台，需要将发布平台切换到"PC，Mac & Linux Standalone"。（ ）

第 **11** 章

Unity AR交互设计工具

在第1章中，我们了解到常用的AR插件有Vuforia、
EasyAR、ARKit等，本章就来学习如何使用Vuforia
插件实现AR产品的交互功能。

11.1 使用Vuforia插件前的准备工作

在使用Vuforia插件制作AR产品前，创作者需要先在Unity的Package Manager窗口中安装并导入Vuforia插件的SDK，然后从Vuforia的官网获取Vuforia插件的产品密钥。

11.1.1 安装和导入 Vuforia 插件的 SDK

由于Vuforia插件的功能不属于Unity的自带功能，因此创作者需要在Unity中安装Vuforia插件的SDK并将其导入Unity的工程文件中。安装和导入Vuforia插件的SDK的操作如下。

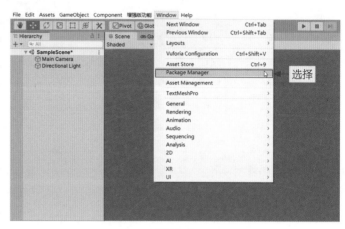

图11-1

（1）在Unity菜单栏中选择"Window"→"Package Manager"命令，如图11-1所示，打开Package Manager窗口。

（2）由于Package Manager初始的、可供下载的SDK较少，因此创作者需要在Package Manager窗口中单击"Advanced"下拉按钮，在弹出的下拉列表中选择"Show preview packages" 选项，加载更多可供下载的SDK，如图11-2所示。

（3）在搜索框中输入"Vuforia"，以搜索Vuforia插件的SDK，按下"Enter"键确认搜索。在确认搜索结果后单击"Install"按钮进行安装，如图11-3所示。安装

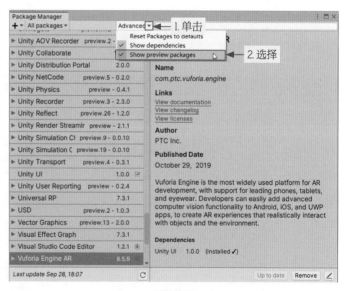

图11-2

完毕后，Unity会自动将Vuforia插件的SDK导入当前的Unity工程文件。

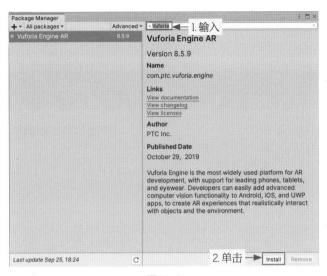

图11-3

11.1.2 获取和设置 Vuforia 插件的产品密钥

在导入Vuforia插件的SDK后，创作者需要登录Vuforia的官网，获取Vuforia插件的产品密钥，并将其添加到Unity的工程文件中。如果创作者未添加Vuforia插件的产品密钥，将AR产品发布到Windows或Android平台，虽然生成的AR产品的可执行文件或安装包都能正常运行和安装，但是AR产品的AR功能将无法运行。获取Vuforia插件的产品密钥的操作过程如下。

（1）登录Vuforia插件的官网，单击首页右上角的"Register"按钮，如图11-4所示。在弹出的界面中注册Vuforia的账号，注册完毕后返回该官网首页，单击"Log in"按钮进行登录。

图11-4

（2）登录账户后，单击"Develop"选项卡，进入到License Manager界面，单击"Get Development Key"按钮，如图11-5所示。这是为了新建一个Vuforia插件的产品密钥。

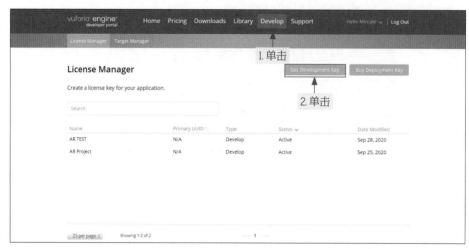

图11-5

（3）在弹出的界面中设置产品密钥的相关信息。在"License Name"输入框中输入密钥的名称，这里输入"AR Project"；然后选择界面最下方的复选框，同意遵守使用Vuforia插件时的相关规定；最后单击"Confirm"按钮，如图11-6所示。

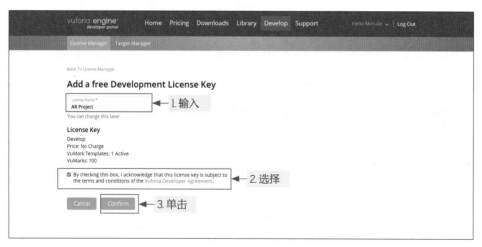

图11-6

（4）单击"Confirm"按钮后，Vuforia官方的服务器会根据"License Name"输入框中输入的产品密钥名称，在License Manager界面中生成一个密钥选项，如图11-7所示。

图11-7

（5）单击密钥选项，进入密钥选项的详情界面，复制Vuforia插件的产品密钥，如图11-8所示。

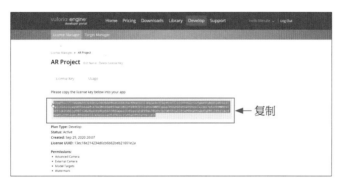

图11-8

（6）切换到Unity的界面，在Unity菜单栏中选择"Window"→"Vuforia Configuration"命令，如图11-9所示。

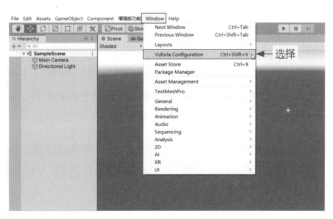

图11-9

（7）弹出VuforiaConfiguration面板，在"App License Key"输入框中，单击鼠标右键，在弹出的菜单中选择"Paste"命令，将Vuforia插件的产品密钥粘贴到该输入框中，如图11-10所示。

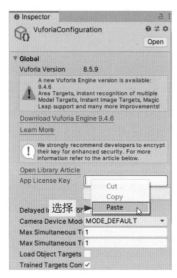

图11-10

11.2 Vuforia插件的基本物体对象及使用方法

Vuforia插件将自身的功能拆分成了不同的物体对象，创作者需要灵活组合这些物体对象才可以制作出一款AR产品。本节将讲解Vuforia插件的物体对象及使用方法。

11.2.1 AR Camera 物体对象

AR产品在AR设备上运行的基本流程：先调用AR设备的摄像头采集用户所处环境的数据，然后将数据传送到AR设备的处理器中进行运算处理，处理完毕后，AR产品会通过AR设备的屏幕，将AR的虚拟影像显示在用户所处的环境中。

为了让AR产品具有调用AR设备的摄像头对用户所处环境采集数据的能力，创作者需要创建一个AR Camera物体对象。创建方法：在Unity菜单栏中，选择"GameObject"→"Vuforia Engine"→"AR Camera"命令，如图11-11所示。

AR Camera 物体对象创建完毕后，AR Camera物体对象就会显示在Hierarchy窗口中，如图11-12所示。

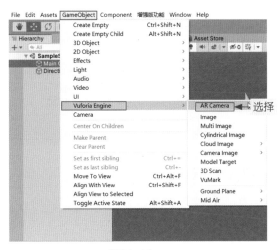

图11-11

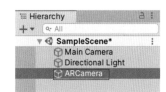

图11-12

11.2.2 存储识别物体数据的物体对象

AR产品在生成虚拟影像前，需要一个识别物体来决定虚拟影像的生成位置，这个识别物体可以是一张图片、一个咖啡杯或是现实场景中的其他物体。当识别物体出现在AR设备的摄像头的前面，并且被AR产品识别出来时，AR设备才会根据识别物体的位置生成虚拟影像。

由于每种识别物体的外观轮廓都各不相同，因此，创作者在制作AR产品时，需要根据识别物体的类型，创建一个用于存储识别物体相关数据的物体对象，以此来设置AR产品的识别物体，具体的操作步骤如下。

在Unity菜单栏中，选择"GameObject"→"Vuforia Engine"命令，在弹出的级联菜单中根据识别物体的类型，创建一个用于存储识别物体相关数据的物体对象，如图11-13所示。

下面挑选3种常用的，用于存储识别物体数据的物体对象进行讲解，具体内容如表11-1所示。

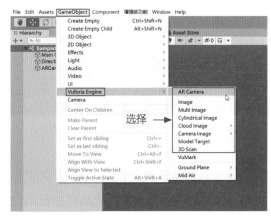

图11-13

表 11-1

执行的命令	创建的物体对象的名称	作用
选择 "GameObject" → "Vuforia Engine" → "Image" 命令	ImageTarget	用于存储图片类型的识别物体，如图书封面、卡片等的数据
选择 "GameObject" → "Vuforia Engine" → "Multi Image" 命令	MultiTarget	作用和 ImageTarget 相同，不同之处在于 ImageTarget 只能存储一张图片的数据，而 MultiTarget 可以存储多张图片的数据
选择 "GameObject" → "Vuforia Engine" → "Cylindircal Image" 命令	CylinderTarget	用于存储圆柱类型的识别物体，如饮料瓶、咖啡杯、可乐罐等的数据

11.2.3 使用 Vuforia 插件中的物体对象制作 AR 产品

本节将使用 Vuforia 插件中的 AR Camera 和 ImageTarget 物体对象，制作一个以图片作为识别物体，并会根据图片所在的位置生成立方体虚拟影像的 AR 产品。

创建 Unity 工程文件后，创作者需要分别创建用于采集用户环境数据的 AR Camera 物体对象，以及用于存储图片数据的 ImageTarget 物体对象。

（1）从 Unity 商店中下载一张作为识别物体的图片，下载完毕后，单击 "Import" 按钮，将图片导入当前的 Unity 工程，如图 11-14 所示。

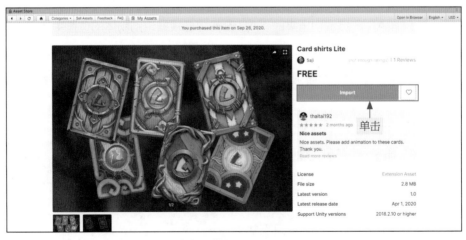

图 11-14

（2）为了使图片能够被 AR 产品识别出来，创作者需要将图片的源文件上传到 Vuforia 的官网，并生成一个存储该图片数据的数据包。为此，创作者需要根据图片在 Project 窗口中的存储路径，找到图片源文件在 Unity 工程文件中的存储位置。这里以当前案例中的图片的存储路径为例进行说明，如图11-15所示。

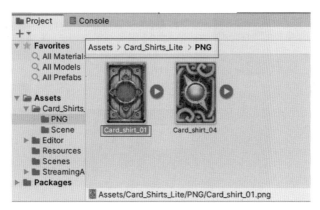

图11-15

① 打开Unity工程文件的文件夹后，根据图片的存储路径"Assets"→"Card_Shirts_ Lite"→"PNG"依次打开相应的文件夹，即可找到图片源文件的存储位置，如图11-16所示。

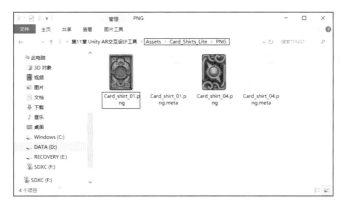

图11-16

② 在上传图片的源文件之前，创作者需要单击鼠标右键，选择"属性"命令，在弹出的属性对话框中查看图片的位深度，如图11-17所示。只有位深度等于24的图片才可以上传，如果图片的位深度不等于24，则需要将该图片导入Photoshop进行设置，以符合上传要求。

③ 从图11-17中可以看到，这张图片的位深度不等于24，需要在Photoshop中进行设置。方法：打开Photoshop软件，单击"打开"按钮，在弹出的对话框中按照图片的存储路径找到图片，选中该图片，再单击"打开"按钮，将图片导入Photoshop，如图11-18所示。

图11-17

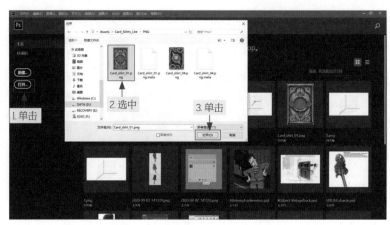

图11-18

④ 在Photoshop的菜单栏中，选择"文件"→"存储为"命令，如图11-19所示。

⑤ 在弹出的"另存为"对话框中，单击"保存类型"右侧的下拉按钮，在展开的下拉列表中选择"BMP（*.BMP；*.RLE；*.DIB）"选项，将图片的存储格式设置为BMP。设置图片的存储路径后，单击"保存"按钮，如图11-20所示。

图11-19

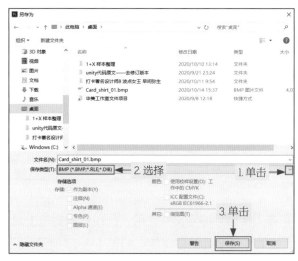

图11-20

⑥ 在弹出的"BMP选项"对话框中，设置"深度"为24位，单击"确定"按钮，将图片导出并保存到相应的存储路径下，如图11-21所示。

（3）由于Vuforia官网只支持上传PNG和JPG格式的图片，因此创作者还需要在Photoshop中对图片的格式进行设置。

① 将图片导入Photoshop后,在Photoshop的菜单栏中选择"文件"→"导出"→"导出为"命令,如图11-22所示。

图11-21

图11-22

② 在弹出的对话框中单击"格式"下拉按钮,在弹出的下拉列表中选择"JPG"选项,再单击"全部导出"按钮,如图11-23所示。

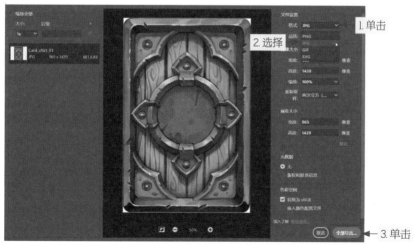

图11-23

提示 此处不将图片的导出格式设置为PNG是因为在导出PNG格式的图片后，图片的位深度会恢复成未进行设置前的状态。

③ 在弹出的"导出"对话框中选择图片的存储路径，单击"保存"按钮，即可导出"位深度"为"24"、格式为JPG的图片，如图11-24所示。

图11-24

（4）导出图片后，创作者需要登录Vuforia的官网，单击"Develop"选项卡，默认进入License Manager界面，然后单击"Target Manager"选项卡，切换到Target Manager界面，最后单击"Add Database"按钮，新建一个用于存储图片数据的数据库，如图11-25所示。

图11-25

（5）在弹出的"Create Database"对话框中对数据库进行命名，这里命名为"CardScan"，然后单击"Create"按钮，如图11-26所示。

图11-26

（6）返回Target Manager界面，在Database列表中会出现一个和数据库同名的选项，单击该选项，如图11-27所示。

图11-27

（7）进入CardScan数据库的参数界面，单击"Add Target"按钮，如图11-28所示。

图11-28

（8）在弹出的"Add Target"对话框中，对识别物体的基本信息进行设置，如图11-29所示。具体的设置过程如下。

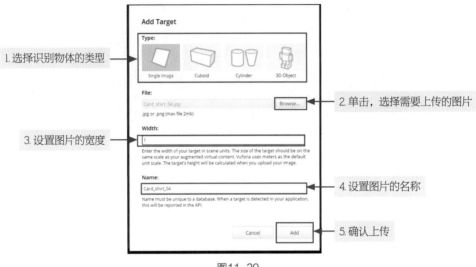

图11-29

① 在"Type"选项组中选择识别物体的类型。可选择的识别物体类型有Single Image（图片类型的识别物体）、Cuboid（立方体类型的识别物体）、Cylinder（圆柱类型的识别物体）、3D Object（3D模型类型的识别物体）等4种，创作者需要根据实际的识别物体的类型进行选择。由于本案例中的识别物体是图片，因此这里选择"Single Image"。

② 在"File"选项组中单击"Browse"按钮，打开图片在本地计算机中的存储路径，选择需要上传的图片。

③ 在"Width"选项组中设置图片的宽度，通常情况下设置为"1"即可。

④ 在"Name"选项组中，设置图片生成相关数据包时的名称，这里设置为"Card_shirt_04"。

⑤ 单击"Add"按钮，确认将识别物体的信息上传到在Vuforia官方服务器创建的数据库中。

（9）上传识别物体的信息后，Target Name列表下会显示该识别物体的信息选项，创作者需要先选中该信息选项左侧的复选框，然后单击"Download Database（1）"按钮，如图11-30所示。

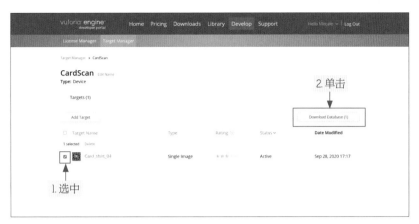

图11-30

（10）在弹出的"Download Database"对话框中，选择"Unity Editor"单选框，单击"Download"按钮，下载识别物体的数据包，如图11-31所示。

（11）双击识别物体的数据包，即可将该识别物体的数据导入当前的Unity工程文件，如图11-32所示。

图11-31

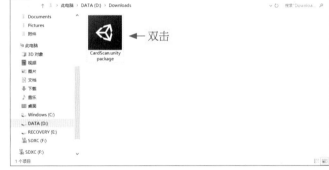

图11-32

（12）将识别物体的数据导入当前的Unity工程文件后，创作者需要先在Hierarchy窗口中选择ImageTarget物体对象，然后在Inspector窗口中单击"Database"下拉按钮，在弹出的下拉列表中选择导入的识别物体的数据，如图11-33所示。

（13）将用于生成虚拟影像的物体对象设置为ImageTarget物体对象的子物体，因为只有ImageTarget物体对象的子物体才可以生成虚拟影像。为了让AR产品正常显示立方体虚拟影像，创作者需要在Hierarchy窗口中单击鼠标右键，在弹出的快捷菜单中选择"3D Object"→"Cube"命令，创建用于生成立方体虚拟影像的立方体物体对象"Cube"，然后将Cube物体对象设置为ImageTarget物体对象的子物体，如图11-34所示。

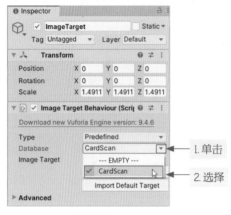

图11-33

图11-34

（14）将立方体物体对象设置为ImageTarget物体对象的子物体后，创作者需要将图片的源文件上传到手机或平板电脑等移动设备上。为此，创作者需要先打开Unity工程文件的文件夹，根据图片在Project窗口中的存储路径，如本案例中的存储路径为"Assets"→"Card_Shirts_Lite"→"PNG"，打开图片源文件的存储路径，选择图片并将其上传到移动设备。

（15）将图片上传到移动设备后，创作者需要先打开移动设备中的相关图片，然后运行AR产品，并将移动设备的屏幕对准计算机的摄像头。如果AR产品识别到了图片，就会根据图片的位置在计算机的屏幕中生成立方体物体对象的虚拟影像，如图11-35所示。

图11-35

11.3 AR产品的基本交互方式

在掌握了使用Vuforia插件制作AR产品的方法后，本节将会在11.2节所介绍的制作AR

产品的基础上新增交互功能，以实现用户和立方体虚拟影像之间的交互。

11.3.1 Unity 常用的交互类

在Unity中，交互类是指用于实现交互功能的类。这些类通常由Unity定义，创作者可以使用这些类中定义的函数和变量完成VR/AR产品的交互功能。常用的交互类有Input、Ray、Touch、Camera、TouchPhase，本节将介绍这些交互类以及类中常用的函数和变量的作用。

1. Input类

Input类的作用是获取用户输入的信息。创作者可以在脚本中调用Input类定义的函数和变量来获取用户输入的指令。Input类中常用的函数及其作用如表11-2所示。

表 11-2

函数	作用
Input.GetMouseButton (int button)	Input.GetMouseButton (int button) 函数的作用会根据 VR/AR 产品运行的平台而发生改变，详细内容如下。 （1）在计算机端运行：用于获取用户是否按住鼠标按键的信息。当用户按下鼠标的按键时，Input.GetMouseButton (int button) 函数就会返回 true 作为函数的返回值。创作者可以通过将 button 参数的数值设置为"0"或"1"，来决定用户具体按住的按键。当 button 参数的数值等于 0 时，表示用户只有在按住鼠标左键时，Input.GetMouseButton (int button) 函数才会返回 true；当 button 参数的数值等于 1 时，表示用户只有在按住鼠标右键时，Input. GetMouseButtonDown(int button) 函数才会返回 true。 （2）在移动端运行：用于获取用户是否长时间与触摸屏进行接触的信息。如果是，Input.GetMouseButton (int button) 函数会返回 true 作为函数的返回值。由于在移动端不能指定用户按下的按键，因此 button 参数的数值通常会设置为 0
Input.GetMouseButtonDown (int button)	Input.GetMouseButtonDown(int button) 函数的作用会根据 VR/AR 产品运行的平台而发生改变，详细内容如下。 （1）在计算机端运行：用于获取用户是否按下鼠标按键的信息。当用户按下鼠标的按键时，Input.GetMouseButtonDown(int button) 函数会返回 true 作为函数的返回值。创作者可以通过将 button 参数的数值设置为"0"或"1"，来决定用户具体按下的按键。当 button 参数的数值等于 0 时，表示用户只有在按下鼠标左键时，Input.GetMouseButtonDown(int button) 函数才会返回 true；当 button 参数的数值等于 1 时，表示用户只有在按下鼠标右键时，Input. GetMouseButtonDown(int button) 函数才会返回 true。 （2）在移动端运行：用于获取用户是否触碰触摸屏的信息。当用户触碰触摸屏时，Input.GetMouseButtonDown(int button) 函数会返回 true 作为函数的返回值。由于在移动端不能指定用户按下的按键，因此 button 参数的数值通常会设置为 0

函数	作用
Input.GetMouseButtonUp (int button)	Input.GetMouseButtonUp(int button) 函数的作用会根据 VR/AR 产品运行的平台而发生改变，详细内容如下。 （1）在计算机端运行：用于获取用户是否松开鼠标按键的信息。当用户松开鼠标的按键时，Input.GetMouseButtonUp(int button) 函数会返回 true 作为返回值。创作者可以通过将 button 参数的数值设置为"0"或"1"，来决定用户具体松开的按键。当 button 参数的数值等于 0 时，表示用户只有在松开鼠标左键时，Input.GetMouseButtonUp(int button) 函数才会返回 true；当 button 参数的数值等于 1 时，表示用户只有在松开鼠标右键时，Input.GetMouseButtonUp(int button) 函数才会返回 true。 （2）在移动端运行：用于获取用户的手指在触碰触摸屏后是否离开的信息。如果是，Input.GetMouseButtonUp(int button) 函数会返回 true 作为函数的返回值。由于在移动端不能指定用户松开的按键，因此 button 参数的数值通常会设置为 0
Input.GetTouch(int index)	当用户的手指触碰触摸屏时，Input.GetTouch（int index）函数会返回一个存储有触碰信息的 Touch 对象。创作者可以通过对象来访问 Touch 对象中的变量，以获取触碰信息。其中 index 参数用于表示用户触碰触摸屏的次数，创作者可以通过设置 index 参数的数值来决定用户触碰触摸屏的次数达到多少以后，Input. GetTouch 函数才会获取触碰信息。0 代表触碰 1 次，1 代表触碰 2 次，2 代表触碰 3 次，依次类推
Input.GetAxis（"Mouse X"）	Input.GetAxis（"Mouse X"）函数的作用会根据 VR/AR 产品运行的平台而发生改变，详细内容如下。 （1）在计算机端运行：用于获取鼠标指针在屏幕的横坐标上移动的信息。当鼠标指针向横坐标的正方向移动时，Input.GetAxis 函数的返回值为 1；当鼠标指针向横坐标的负方向移动时，Input.GetAxis 函数的返回值为 −1。 （2）在移动端运行：用于获取用户的手指在屏幕的横坐标上滑动的信息。当用户的手指向横坐标的正方向滑动时，Input.GetAxis 函数的返回值为 1；当用户的手指向横坐标的负方向滑动时，Input.GetAxis 函数的返回值为 −1
Input.GetAxis（"Mouse Y"）	Input.GetAxis（"Mouse Y"）函数的作用会根据 VR/AR 产品运行的平台而发生改变，详细内容如下。 （1）在计算机端运行：用于获取鼠标指针在屏幕的纵坐标上移动的方向信息。当鼠标指针向纵坐标的正方向移动时，Input.GetAxis 函数的返回值为 1；当鼠标指针向纵坐标的负方向移动时，Input.GetAxis 函数的返回值为 −1。 （2）在移动端运行：用于获取用户的手指在屏幕的纵坐标上滑动的方向信息。当用户的手指向纵坐标的正方向滑动时，Input.GetAxis 函数的返回值为 1；当用户的手指向纵坐标的负方向滑动时，Input.GetAxis 函数的返回值为 −1

Input 类中常用的变量及其作用如表 11-3 所示。

表 11-3

变量	作用
Input.MousePosition	Input.MousePosition 变量的作用会根据 VR/AR 产品运行的平台而发生改变，详细内容如下。 （1）在计算机端运行：用于获取鼠标指针在屏幕中的位置的坐标 （2）在移动端运行：用于获取用户的手指触碰触摸屏的触点的坐标
Input.touchCount	用于获取触碰触摸屏的手指的数量

2. Ray类

Ray 类定义的对象表示一条射线。创作者可以通过定义 Ray 类的对象，访问 Ray 类中定义的变量来获取射线的相关信息。Ray 类中的常用变量及其作用如表 11-4 所示。

表 11-4

变量	作用
Ray.direction	获取射线发射的方向信息
Ray.origin	获取射线起点位置的坐标

3. Touch类

Touche 类的作用是获取用户的手指触碰触摸屏的相关信息。Touch 类中常用的变量及其作用如表 11-5 所示。

表 11-5

变量	作用
Touch.Phase	获取用户的手指触碰触摸屏的状态信息
Touch.tapCount	获取用户的手指点击触摸屏的次数

4. Camera类

Camera 类是定义 Camera 组件的类。创作者可以调用 Camera 类中定义的 ScreenPointToRay 函数来发射一条指向屏幕内部的射线。Camera 类中常用的函数及其作用如表 11-6 所示。

表 11-6

函数	作用
Camera.ScreenPointToRay(Vector3 pos)	向屏幕内部发射一条射线。创作者可以通过设置 pos 参数的数值来决定射线发射的起点，并且 Camera.ScreenPointToRay 函数会返回一个 Ray 类型的对象作为函数的返回值，创作者可以将 Ray 对象作为参数传入 Physics.Raycast 函数中，判断射线在发射的过程中是否触碰到了其他的物体对象。如果触碰了其他物体对象，Physics.Raycast 函数就会返回 true，否则返回 false

5. TouchPhase类

TouchPhase 类的作用是表示用户的手指触碰触摸屏的状态。TouchPhase 类中常用的变量及其作用如表11-7所示。

表 11-7

变量	作用
TouchPhase.Began	表示用户的手指已触碰触摸屏
TouchPhase. Moved	表示用户的手指触碰触摸屏并进行滑动

11.3.2 销毁物体对象

本节讲解如何通过双击AR设备的画面来销毁11.2节中生成的立方体虚拟影像。

（1）打开11.2节中的Unity工程文件，在Project窗口中单击鼠标右键，在弹出的快捷菜单中选择"Create"→"Folder"命令，如图11-36所示。然后创建一个用于保存脚本的文件夹，并将其命名为Script。

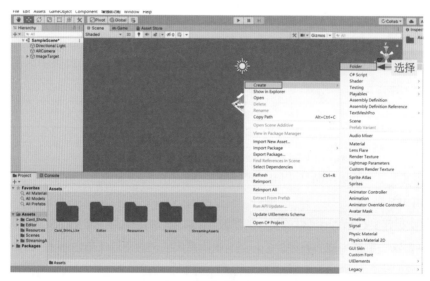

图11-36

（2）打开Script文件夹，在文件夹中单击鼠标右键，在弹出的快捷菜单中选择"Create"→"C# Script"命令，创建一个脚本，并将其命名为"TouchTap"，如图11-37所示。

（3）双击TouchTap脚本，进入Visual Studio界面，编写相应的代码，如代码清单1所示。

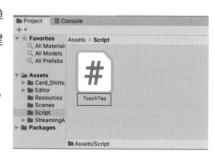

图11-37

代码清单1

```
01.      public Camera camera;
02.      private void Update()
03.      {
04.          if (Input.GetMouseButtonDown(0))
05.          {
06.              Ray ray = camera.ScreenPointToRay(Input.mousePosition);
07.              if (Physics.Raycast(ray))
08.              {
09.                  Touch touch_1=Input.GetTouch(0);
10.                  if (Input.touchCount==1 && touch_1.phase==TouchPhase.Began)
11.                  {
12.                      Touch touch_2=Input.GetTouch(0);
13.                      if (touch_2.tapCount==2)
14.                      {
15.                          Destroy(gameObject);
16.                      }
17.                  }
18.              }
19.          }
20.      }
```

第1行代码的作用：定义一个访问权限为public的Camera类型的camera对象，用于获取AR Camera物体对象上的Camera组件。

第4行代码的作用：在if语句中，使用Input.GetMouseButtonDown函数判断用户是否点击了屏幕。

第6行代码的作用：通过camera对象调用Camera类中定义的ScreenPointToRay函数，并使用Input.mousePosition作为参数，让ScreenPointToRay函数以用户点击屏幕的位置作为起点发射一条射线。最后再定义一个Ray类型的ray对象来存储射线的信息。

第7行代码的作用：在if语句中，调用Physics.Raycast函数，并将存储有射线信息的ray对象作为参数传入到该函数中。如果ray对象中存储的射线信息为射线触碰到了物体对象，则Physics.Raycast函数就会返回true。

第9行代码的作用：当Physics.Raycast函数返回true时，就调用Input.GetTouch函数来获取用户触碰触摸屏的信息，并定义一个Touch类的Touch_1对象进行存储。

第10行代码的作用：在if语句中分别设置执行条件Input.touchCount ==1和touch_1. phase == TouchPhase.Began，并使用"&&"运算符将两个执行条件连在一起，表示只有在两个执行条件都成立的情况下，if语句才会执行其下的代码。每种执行条件代表的含义如下。

- Input.touchCount==1：判断用户是否只用一根手指触碰触摸屏。

- touch_1.phase == TouchPhase.Began：判断用户的手指是否为已触碰触摸屏。

第12行代码的作用：当执行条件Input.touchCount ==1和touch_1.phase == TouchPhase.Began都成立的情况下，就调用Input.GetTouch函数来获取用户触碰触摸屏的状态，并定义一个Touch类的touch_2对象进行存储。

第13 ～ 17行代码的作用：在if语句中，通过touch_2对象访问Touch类中定义的tapCount变量获取用户点击屏幕的次数。当点击屏幕的次数为2时，就调用Destory函数销毁立方体物体对象。

（4）在TouchTap脚本中编写代码清单1中的所有代码后，先在Hierarchy窗口中选中Cube物体对象，然后在Inspector窗口中添加TouchTap脚本，最后在Hierarchy窗口中选择AR Camera物体对象，并将其拖曳到Inspector窗口中的TouchTap脚本的"Camera"属性下，以此来获取AR Camera物体对象上的Camera组件，如图11-38所示。

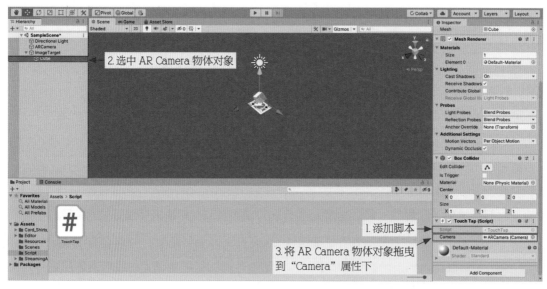

图11-38

（5）将AR产品发布到Android平台并生成Android安装包，如图11-39所示。

图11-39

将Android安装包上传到Android设备，在Android设备中安装并运行AR产品后，可以使用AR设备对图片进行识别，以此来生成立方体的虚拟影像。当立方体的虚拟影像出现在AR设备的屏幕中时，可以通过双击立方体的虚拟影像将其销毁。

11.3.3 调整物体对象的旋转角度

本节讲解如何通过滑动AR设备的画面来调整物体对象的旋转角度。

（1）打开11.3.2小节的工程文件，在Project窗口中，打开存储脚本的"Script"文件夹，然后在Project窗口中创建一个新脚本，并将其命名为"RotateScript"，如图11-40所示。

（2）打开RotateScript脚本，进入Visual Studio界面，编写相应的代码，如代码清单2所示。

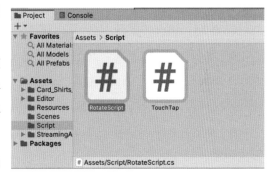

图11-40

```
代码清单2
01.     public float XSpeed;
02.     private void Update()
03.     {
04.         if (Input.GetMouseButton(0))
05.         {
06.             if (Input.touchCount==1)
07.             {
08.                 Touch touch=Input.GetTouch(0);
09.                 if (touch.phase==TouchPhase.Moved)
```

```
10.                    {
11.                        transform.Rotate(Vector3.up*Input.GetAxis("Mouse X")
       *XSpeed*Time.deltaTime,Space.World);
12.                    }
13.                }
14.            }
15.        }
```

第1行代码的作用：定义一个float类型的变量XSpeed，用于定义物体对象的旋转速度。

第4行代码的作用：在if语句中，使用Input.GetMouseButton函数，判断用户是否点击了屏幕。

第6行代码的作用：在if语句中，设置Input.touchCount==1的执行条件，判断用户是否只用一根手指触碰触摸屏。

第8行代码的作用：当用户只用一根手指触碰触摸屏时，就调用Input.GetTouch函数获取用户触碰触摸屏的状态，并定义一个Touch类的touch对象存储用户触碰触摸屏的状态。

第9～11行代码的作用：在if语句中，设置执行条件touch.phase == TouchPhase.Moved，判断用户的手指在触碰触摸屏后是否进行了滑动。如果进行了滑动，就调用transform.Rotate函数并传入相应的参数来控制物体对象的旋转。传入的参数如下。

● 第1个参数：将Vector3.up变量、Input.GetAxis（"Mouse X"）函数、Xspeed变量和Time.deltaTime函数进行乘法运算，分别设置Cube物体对象旋转的参考坐标轴、旋转方向以及避免旋转时受到设备画面刷新速率的影响。

● 第2个参数：使用Space.World变量，将Cube物体对象旋转的参考坐标系设置为世界坐标系。

（3）在Hierarchy窗口中选中Cube物体对象，并在Inspector窗口中添加RotateScript脚本。然后将AR产品发布到Android平台，生成Android安装包后，将安装包上传到Android设备中。

（4）在Android设备中安装并运行AR产品后，可以使用AR设备对图片进行识别，以此来生成立方体的虚拟影像。当立方体的虚拟影像出现在AR设备的屏幕中时，可以通过向左或向右滑动AR设备的画面来控制立方体虚拟影像的旋转角度。

11.4 同步强化模拟题

1. 为了能让AR产品具有调用AR设备的摄像头，对用户所在环境的数据进行采集的能力，需要创建一个AR Camera物体对象。创建的方法为在Unity菜单栏中，选择"GameObject"→"Vuforia Engine"→"（   ）"命令。

A. Animator Controller 　　　　B. AR Camera

C. Make Transition 　　　　　　D. Vuforia Configuration

2. "GameObject"→"Vuforia Engine"→"Image"命令是用于存储（   ）类型的识别物体的数据。

A. 物体　　　　B. 对象　　　　　C. 数据　　　　　D. 图片

3. 为了让图片能够被AR产品识别出来，在上传图片前，需要单击鼠标右键，执行"属性"命令，在弹出的属性窗口中查看图片的位深度，只有位深度等于（   ）的图片才可以进行上传。

A. 16　　　　B. 8　　　　　C. 24　　　　　D. 1

4. 在Unity中常用的交互类包括Input、Ray、Touch、Camera、（   ）。

A. Bool　　　　B. Int　　　　C. float　　　　D. TouchPhase

5. （   ）类定义的对象表示一条射线，创作者可以通过定义该类的对象，访问该类中定义的变量来获取射线的相关信息。

A. Ray　　　　B. Touch　　　　C. Camera　　　　D. Input

二、多选题

1. AR产品在生成虚拟影像前，需要一个识别物体来决定虚拟影像的生成位置，这个识别物体可以是（   ）。

A. 一张图片　　　B. 一个咖啡杯　　　C. 一棵树　　　D. 一本书

2. Vuforia官网只支持上传（   ）格式的图片，因此创作者需要在Photoshop中对图片的格式进行设置。

A. PNG　　　　B. BMP　　　　C. TIFF　　　　D. JPG

三、判断题

1. 下载和导入Vuforia插件的SDK的操作是在Unity中进行的。（   ）

2. 在导入Vuforia插件的SDK后，无需获取Vuforia插件的产品密钥。（   ）

第 12 章

VR产品开发的设备和工具

目前，市面上常见的VR设备有HTC Vive、PS VR、Oculus Ritf CV1等，常见的VR开发工具有SteamVR、VRTK等，本章将基于HTC Vive和SteamVR讲解开发VR产品的方法。

12.1 HTC Vive设备的特点及安装方法

HTC Vive设备是由HTC和Valve公司联合开发的一款虚拟现实头戴式显示器（以下简称VR头显）。该设备采用了先进的影音和动作捕捉技术，用户在戴上虚拟现实头盔后，能够沉浸在HTC Vive设备模拟的虚拟世界中。

12.1.1 HTC Vive 设备特点

HTC Vive设备由一个虚拟现实头盔、一对操控手柄和一对定位器组成，如图12-1所示。

图12-1

1. Steam VR支持

为了能让用户可以使用HTC Vive设备体验VR产品，Valve公司研发了一款名为SteamVR的应用程序，以提供相应的技术支持，包括房间规模体验、绝对定位、Chaperone导护系统等。SteamVR需要从Steam平台进行下载和安装，其中Steam平台是由Valve公司研发的一款游戏平台，创作者可以在Steam平台上购买和下载游戏、制作VR产品的工具等。

2. 虚拟现实头盔

虚拟现实头盔的作用是显示VR产品的画面。虚拟现实头盔上共有32个定位感应器，用于捕捉用户的头部信息。当用户转头时，虚拟现实头盔会即时更新用户看到的画面，给用户带来逼真的临场感。虚拟现实头盔内部配备有分辨率为2160像素×1200像素、刷新率为90Hz的图像显示设备，能够给用户带来高清流畅的VR体验。

为了获得更加舒适的观看体验，用户可以调整虚拟现实头盔的瞳孔间距。瞳孔间距是指双眼瞳孔中心之间的距离。当虚拟现实头盔的瞳孔间距刚好和用户瞳孔间距相同时，用户的观看体验最佳。用户可以对着镜子使用毫米尺测量两个眉头之间的距离，以此来估算自己双眼瞳孔之间的距离，然后再戴上虚拟现实头盔，根据测量的数值旋转IPD按钮调整瞳孔间距，如图12-2所示。

图12-2

3. 操控手柄

操控手柄用于实现用户和VR产品的交互。操控手柄搭载了二段式扳机、多功能触控板等按键，能够给用户带来流畅的操作体验。用户可以通过这些按键，即时控制VR产品各项功能的执行。操控手柄各部分按键的名称和分布情况如图12-3所示。

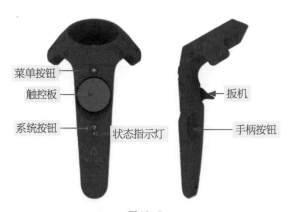

图12-3

安装完HTC Vive设备后，用户只需长按系统按钮2~3秒，即可启动操控手柄；再次长按系统按钮5~6秒，即可关闭操控手柄。

4. 定位器

定位器用于捕捉用户动作信息，确定用户当前的位置，将捕捉到的动作信息发送给虚拟现实头盔和操控手柄。注意：在使用定位器时，不要让其他物体遮挡住定位器，避免其捕捉的动作信息不准确。

12.1.2 HTC Vive 设备的配置要求

为了能让HTC Vive设备可以流畅地运行，创作者需要确保计算机的硬件配置和操作系统等达到HTC Vive设备的要求，具体要求如表12-1所示。

表 12-1

类目	配置要求
GPU	NVIDIA GeForce® GTX 970，AMD Radeon™R9 290 同档或更高配置
CPU	Intel®Core™ i5-4590，AMD FX8350 同档或更高配置
内存	4GB 或更多
视频输出	HDMI 1.4，DisplayPort 1.2 或更高版本
USB 端口	1 个 USB 2.0 端口或更高版本的端口
操作系统	Windows 7 SP1 或更高的版本

12.1.3 HTC Vive 设备的安装方法

在制作或体验VR产品前，创作者需要先安装HTC Vive设备。

1. 安装定位器

安装定位器之前，创作者需要先了解定位器及其配件信息，如图12-4所示。

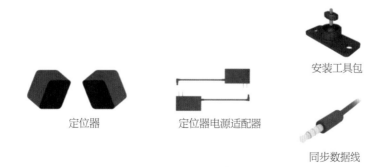

定位器　　　　定位器电源适配器　　　　安装工具包　　　　同步数据线

图12-4

定位器上的功能按钮及端口说明如图12-5所示。

状态指示灯

电源端口

Micro-USB 端口

频道指示灯

同步数据线端口

频道按钮

图12-5

了解了定位器及其配件信息后，开始安装定位器，具体的操作过程如下。

将定位器的电源适配器和定位器的电源端口相连，启动定位器，如图12-6所示。

图12-6

通过定位器正面的频道指示灯检查定位器当前所处的频道，确保两个定位器所处的频道分别为b和c。只有两个定位器的频道分别为b和c时，定位器才可以正常地采集用户的动作信息。如果两个定位器处在相同或者b和c之外的频道上，就需要通过按定位器背部的频道按钮，切换定位器的频道，直到将两个定位器的频道分别设置为b和c为止。

为了确保定位器可以采集用户完整的动作信息，用户需要在安装区域内找到固定定位器的位置。通常情况下，选择在房间的对角线且离地2m或更高的位置固定定位器。固定完毕后，还需要将定位器的旋转角度调整到30°~45°，让定位器拥有120°左右的视场范围，确保采集信息的完整性，如图12-7所示。

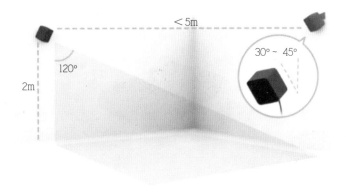

图12-7

为了确保用户能有足够的活动空间，并且不超出定位器采集动作信息的范围，房间的最小宽度应为1.5m，最小高度应为2m，定位器之间的对角线距离不能超过5m。

　　选择好定位器的固定位置后，使用定位器安装插件或者标准的1/4-20UNC 螺纹的三脚架，将定位器固定。如果使用的是安装插件，就需要先在墙上钻孔，将安装插件固定在墙上，然后将定位器背部的螺孔对准安装插件的螺杆并旋紧，将定位器固定在安装插件的位置。如果使用的是三脚架，只需将定位器底部的螺孔对准三脚架的螺杆并旋紧，即可将定位器固定在三脚架上。可以通过调整三脚架的位置来调整定位器的位置。与调整安装插件的位置相比，调整三脚架的位置会更加的灵活，两者固定定位器的示意如图12-8所示。

图12-8

2. 将虚拟现实头盔连接到计算机

用户需要使用串流盒、串流盒电源适配器、USB数据线、HDMI数据线，将虚拟现实头盔与运行VR产品的计算机连接起来。所需设备及配件如图12-9所示。

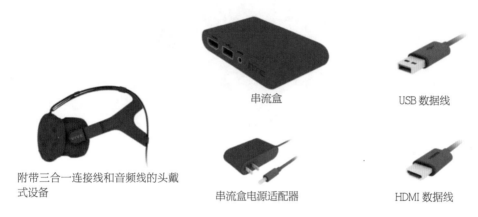

串流盒

USB数据线

附带三合一连接线和音频线的头戴式设备

串流盒电源适配器

HDMI数据线

图12-9

在将虚拟现实头盔和计算机相连前，用户需要先了解虚拟现实头盔和串流盒的组成情况。虚拟现实头盔的组成情况如图12-10所示。

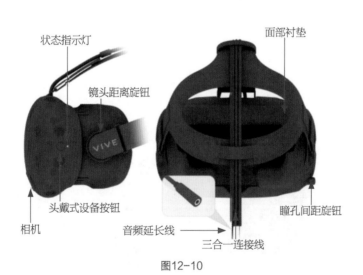

状态指示灯

面部衬垫

镜头距离旋钮

头戴式设备按钮

相机

音频延长线

瞳孔间距旋钮

三合一连接线

图12-10

提示 三合一连接线的一端在虚拟现实头盔上，其是将虚拟现实头盔的HDMI数据线、USB数据线、电源线合并成了一根线。在三合一连接线的另一端可以找到HDMI数据线的插头、USB数据线的插头和电源线的插头。

串流盒可以将头戴式设备连至计算机，其组成情况如图12-11所示。

图12-11

　　在串流盒4个接口的一面，将串流盒电源适配器和串流盒的电源端口相连；使用USB数据线，将计算机和串流盒的USB端口相连；使用HDMI数据线，将计算机的HDMI端口和串流盒的HDMI端口相连。连接示意如图12-12所示。计算机的HDMI端口位置的示意如图12-13所示。

图12-12

图12-13

　　在串流盒3个接口的一面，使用虚拟现实头盔的三合一连接线分别与串流盒的电源端口、HDMI端口、USB端口相连，如图12-14所示。

图12-14

当虚拟现实头盔和计算机相连后，计算机会默认使用HTC Vive设备的扬声器播放VR产品的声音。此时用户无法通过计算机自带的扬声器听到VR产品的声音，需要将耳机和虚拟现实头盔的音频延迟线末端的端口连接，通过耳机来收听VR产品中的声音。

3. 为操控手柄充电

为了能够使用操控手柄与VR产品的物体对象进行交互，需要确保操控手柄的电量充足，为此用户需要使用HTC Vive配套的两根Micro-USB数据线，分别与操控手柄和操控手柄的电源适配器相连，对操控手柄进行充电。和操控手柄相关的配件如图12-15所示。当操控手柄的电量充满时，其状态指示灯显示为白灯。

操作手柄　　　　　　　　Micro-USB数据线　　　　　　　　电源适配器

图12-15

12.2 搭建VR产品的开发环境

在开发VR产品前，创作者需要搭建VR产品的开发环境，为此创作者需要在Steam和Unity中，分别下载相关的应用程序和插件。

12.2.1 Steam 软件调试

为了能在计算机上运行VR产品，创作者需要在Steam平台上下载运行VR产品所需的应用程序SteamVR，对HTC Vive设备的使用环境进行设置。

1. 下载和安装Steam

（1）登录Steam的官网，在官网界面的右上角，单击"安装Steam"按钮，进入安装包的下载界面，如图12-16所示。

图12-16

（2）在安装包的下载界面，单击"安装STEAM"按钮，下载Steam的安装包，如图12-17所示。

图12-17

（3）下载完毕后，双击Steam的安装包，进入Steam安装向导界面，单击"下一步"按钮，如图12-18所示。

图12-18

（4）进入语言设置界面。在该界面中，可以设置Steam使用的语言，这里选择"简体中文"，然后单击"下一步"按钮。

（5）进入选定安装位置界面，可以单击"浏览"按钮，在弹出的对话框中设置Steam平台的安装位置，然后单击"安装"按钮，即可进行安装，如图12-19所示。

（6）安装完成后，自动跳转到正在完成Steam安装向导界面，如图12-20所示。此时在界面中单击"完成"按钮，即可运行Steam平台。

图12-19

图12-20

2. 下载SteamVR并调试HTC Vive设备

（1）运行Steam平台，注册并登录到Steam平台，Steam会默认进入"库"选项卡，单击"游戏"下拉按钮，在弹出的下拉列表中选择"工具"复选框，如图12-21所示。

（2）此时"库"选项卡的左侧会显示Steam提供的各种可以用在游戏或产品创作方面的工具。在输入框中输入"SteamVR"，在搜索结果中选择"SteamVR"，进入SteamVR的安装界面，单击"安装"按钮进行安装，如图12-22所示。

图12-21

图12-22

（3）单击"启动"按钮，如图12-23所示。

图12-23

（4）SteamVR会弹出两个对话框，一个对话框中显示的是HTC Vive设备的运行状态，对话框中显示的图标从左到右依次是虚拟现实头盔、操控手柄和定位器。如果HTC Vive设备能够正常运行，那么对话框中的图标都会处于被点亮的状态，如图12-24所示。

另一个对话框用于设置HTC Vive设备的使用环境。创作者需要根据对话框中的提示信息依次对房间、建立定位、校准中心点、校准地面进行设置。

① 在设置房间时，创作者需要根据所处的室内环境，选择"房间模式"或"仅站立"模式，这里选择的是"仅站立"模式，如图12-25所示。

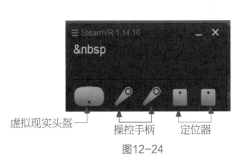

图12-24

图12-25

② 建立定位时，创作者需要将虚拟现实头盔和操控手柄放置在定位器可见范围内，让定位器能够获取虚拟现实头盔和操控手柄的位置信息。定位成功后，对话框中会显示"控制器就绪"和"头戴式显示器就绪"提示信息，单击"下一步"按钮，如图12-26所示。

③ 在校准空间界面中校准中心点时，创作者可以设置VR产品画面显示的默认方向。例如，如果希望VR产品默认显示左侧的画面，只需将虚拟现实头盔的背面朝向左侧，单击"校准中心点"按钮进行校准即可，如图12-27所示。

图12-26

图12-27

④ 校准地面时，创作者需要将虚拟现实头盔放置在地面上，单击"校准地面"按钮，校准虚拟现实头盔和地面之间的距离，然后单击"下一步"按钮，如图12-28所示。

⑤ 经过上述操作后，当对话框中提示设置完成时，单击"下一步"按钮，即可结束设置，如图12-29所示。

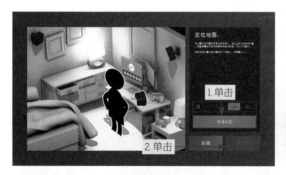
图12-28

图12-29

12.2.2 VR产品开发的准备工作

为了能在Unity中开发VR产品，创作者需要在Unity商店中下载并导入SteamVR Plugin和Vive Input Utility插件。SteamVR Plugin主要用于开发VR产品的画面显示，Vive Input Utility主要用于开发用户和VR产品的物体对象之间的交互动作。

1. 导入 SteamVR Plugin

在Unity商店中，SteamVR Plugin插件的详情界面如图 12-30 所示。

图12-30

（1）单击"Import"按钮，导入SteamVR Plugin插件后，Unity会弹出一个显示SteamVR Plugin插件相关参数设置的对话框，这里使用默认的参数设置，单击"Accept All"按钮，如图12-31所示。

（2）Unity会弹出一个对话框，提示创作者已接受SteamVR Plugin插件参数的默认设置，单击"OK"按钮，即可完成导入操作，如图12-32所示。

图12-31   图12-32

2. 导入 Vive Input Utility

在Unity商店中，Vive Input Utility的详情界面如图 12-33 所示。

图12-33

（1）单击"Import"按钮后，Unity会弹出一个显示 Vive Input Utility 插件相关参数设置的对话框，这里使用默认的参数设置，单击"Accept All（1）"按钮，如图12-34所示。

（2）Unity会弹出一个对话框，提示是否导入SteamVR输入系统，单击"Yes"按钮，如图12-35所示。

图12-34

图12-35

（3）导入SteamVR输入系统后，Unity会弹出SteamVR输入系统的设置面板，创作者可以在该面板中设置用于完成交互动作的按钮，如图12-36所示。

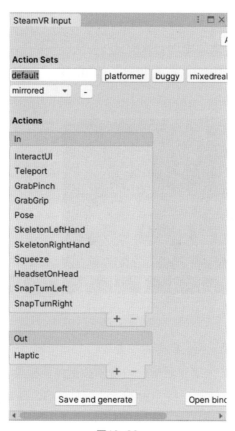

图12-36

12.3 VR设备和物体对象的基本交互

本节将会在Unity中使用SteamVR Plugin插件提供的预置物体和动画状态机，以及Vive Input Utility插件提供的预置物体和函数，实现操控手柄和物体对象之间的基本交互动作。

12.3.1 控制动画片段的过渡

本节将运用SteamVR Plugin插件提供的预置物体[CameraRig]、动画状态机，以及Vive Input Utility插件提供的ViveInput.GetPressDown和ViveInput.GetPressUp函数来实现两个功能：① 按下操控手柄的扳机键时，角色模型arthur_01从arthur_idle_01（原地待命）动画片段过渡到arthur_attack_01（攻击）动画片段；② 松开左手操控手柄的扳机键时，角色模型arthur_01从arthur_attack_01过渡到arthur_idle_01动画片段。

229

具体的实现过程如下。

（1）创作者需要在Unity商店中，下载和导入本案例需要的角色模型和动画片段的素材包"Fantasy Chess RPG Character – Arthur"，如图12-37所示。

图12-37

（2）为了让角色模型接受光照，创作者需要在Lighting窗口中勾选"Auto Generate"复选框，启用场景的光照效果。为了有足够的位置来放置角色模型，还需要新建一个白色平面，并在白色平面的Inspector窗口中，将Transform组件的Scale属性设置为（10,10,10），效果如图12-38所示。

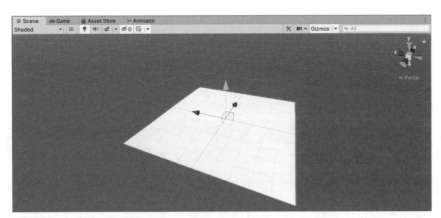

图12-38

（3）为了能在虚拟现实头盔中看到VR产品的显示画面和操控手柄，需要在Project窗口中，按照"SteamVR"→"Prefabs"→"[CameraRig]"的路径顺序找到SteamVR Plugin插件提供的预置物体[CameraRig]，并将其拖曳到Hierarchy窗口中，设置为[CameraRig]物体对象。

[CameraRig]物体对象会根据用户当前的位置和视角，更新虚拟现实头盔显示的画面；根据操控手柄位置，在VR产品的画面中显示操控手柄的虚拟模型，让用户清楚知道操控手柄当前的所在位置。

（4）选中[CameraRig]物体对象，可以在Scene窗口中看到一个浅蓝色的矩形框，如图12-39所示。它的作用是提示用户不要在矩形框外的区域活动，避免用户戴上虚拟现实头盔后，因为看不到周围环境而引发安全事故。

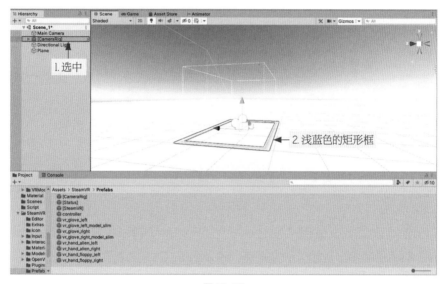

图12-39

但是此时矩形框不会显示在虚拟现实头盔中，所以为了能让矩形框可以显示在VR产品的画面中，需要选中[CameraRig]物体对象，然后在Inspector窗口中的Steam VR_Play Area（Script）脚本的参数面板中，选中"Draw In Game"复选框，如图12-40所示。

单击"Size"下拉按钮，在展开的下拉列表中根据实际情况设置矩形框的范围，这里设置为"300×255"，如图12-41所示。

图12-40

图12-41

为了让角色模型arthur_01显示在VR产品画面的视野范围内，创作者需要将arthur_01角色模型放置在[CameraRig]物体对象的视野范围内。选中[CameraRig]物体对象下的子物体"Camera"，即可显示[CameraRig]物体对象的视野范围，如图12-42所示。该图中的锥形区域就是[CameraRig]物体对象的视野范围。

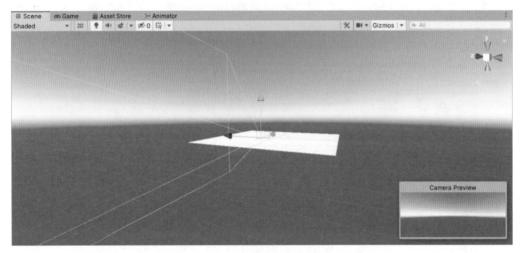

图12-42

（5）在Project窗口中，按照"Assets"→"Fantasy Chess RPG Character-Arthur"→"prefaps"的路径顺序打开相应的文件夹，将arthur_01角色模型拖曳到[CameraRig]物体对象的视野范围内，效果如图12-43所示。

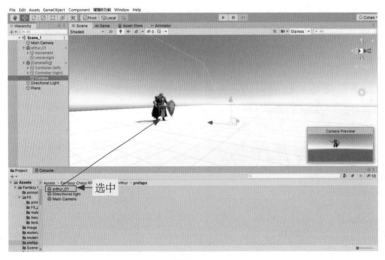

图12-43

（6）为了能够使用操控手柄控制动画片段的过渡，创作者需要在动画状态机中，设置动画片段的过渡条件、过渡参数及过渡参数的数值条件，最后在脚本中编写相应的代码。具体的设置过程如下。

① 在Project窗口中新建一个名为"arthur"的动画状态机，双击该动画状态机，进入Animator窗口，在Project窗口中按照"Assets"→"Fantasy Chess RPG Character – Arthur"→"models"的路径顺序打开动画片段所在的文件夹，选中arthur_idle_01和arthur_attack_01动画片段，并拖曳到Animator窗口中，如图12-44所示。

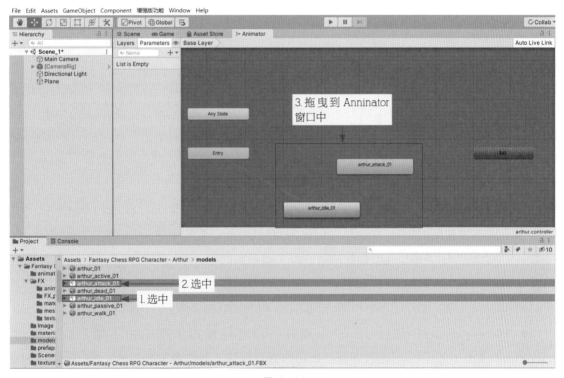

图12-44

② 建立arthur_idle_01和arthur_attack_01动画片段之间往返方向的过渡条件。在Parameters面板中，创建一个bool类型的过渡参数Attack，并将Attack添加到arthur_idle_01→arthur_attack_01和arthur_attack_01→arthur_idle_01方向的过渡条件中。其中，在arthur_idle_01→arthur_attack_01方向的过渡条件中，将Attack的数值条件设置为true；在arthur_attack_01→arthur_idle_01方向的过渡条件中，将Attack的数值条件设置为false。这里以设置arthur_idle_01→arthur_attack_01方向的数值条件为例，设置方法如图12-45所示。

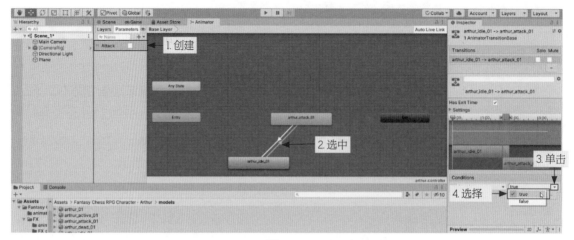

图12-45

③ 为了避免arthur_idle_01过渡到arthur_attack_01动画片段以及arthur_attack_01过渡到arthur_idle_01动画片段有延迟，创作者需要分别选中arthur_idle_01→arthur_attack_01和arthur_attack_01→arthur_idle_01方向的过渡条件，在Inspector窗口中取消"Has Exit Time"复选框的勾选，如图12-46所示。

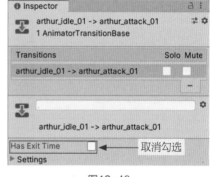

图12-46

④ 在脚本中使用if语句、ViveInput.GetPressDown函数、ViveInput.GetPressUp函数控制SetFloat函数的执行，以此来实现使用操控手柄控制动画片段的过渡。其中，ViveInput.GetPressDown和ViveInput.GetPressUp函数的作用如下。

● ViveInput.GetPressDown：当用户在指定的操控手柄上按下指定的按键时，ViveInput.GetPressDown函数会返回true作为返回值，创作者需要将HandRole类中的变量作为函数的参数来指定具体的操控手柄，将ControllerButton类中的变量作为函数的参数来指定具体的按键。

● ViveInput.GetPressUp：当用户在指定的操控手柄上松开指定的按键时，ViveInput.GetPressUp函数会返回true作为返回值，创作者需要将HandRole类中的变量作为函数的参数来指定具体的操控手柄，将ControllerButton类中的变量作为函数的参数来指定具体的按键。

在HTC Vive设备中，操控手柄被分为左手操控手柄和右手操控手柄，在使用HandRole类中的变量设置具体的操控手柄前，创作者需要掌握辨识操控手柄的方法，具体如下。

在显示HTC Vive设备运行状态的对话框中，可以看到左手操控手柄和右手操作手柄的图标，创作者可以利用这两个图标来辨识操控手柄，这里以辨识左手操控手柄为例进行说明。将鼠标指针放置在左手操控手柄的图标上，在弹出的对话框中单击"识别控制器"按钮，如图12-47所示。此时，系统会向左手操控手柄发送一条通知信息，当左手操控

图12-47

手柄接收到通知信息时，会以震动的方式提示创作者，利用这种提示方式创作者就可以辨识出是左手操控手柄。

HandRole类中的变量的作用如下。

● HandRole.LeftHand：指定左手操控手柄。

● HandRole.RightHand：指定右手操控手柄。

ControllerButton类中的变量的作用如下。

● ControllerButton.Trigger：指定扳机键。

● ControllerButton.Menu：指定菜单键。

⑤ 在理解了ViveInput.GetPressDown函数、ViveInput.GetPressUp函数、HandRole类中的变量、ControllerButton类中的变量的作用后，接下来在Project窗口中创建一个名为"ChangeAnimation"的脚本。双击该脚本，进入Visual Studio界面，编写控制动画片段的代码，如代码清单1所示。

```
代码清单1
01.    using System.Collections;
02.    using System.Collections.Generic;
03.    using UnityEngine;
04.    using HTC.UnityPlugin.Vive;
05.    public class ChangeAnimation : MonoBehaviour
06.    {
07.        private Animator anim;
08.        private void Start()
09.        {
10.            anim=GetComponent<Animator>();
11.        }
12.        private void Update()
13.        {
14.            if (ViveInput.GetPressDown(HandRole.LeftHand,Controller
    Button.Trigger))
15.            {
```

```
16.                anim.SetBool("Attack",true);
17.            }
18.        else if (ViveInput.GetPressUp(HandRole.LeftHand,
    ControllerButton.Trigger))
19.            {
20.                anim.SetBool("Attack",false);
21.            }
22.        }
23.    }
```

上述代码中，关键行代码的作用如下。

第4行代码的作用：在使用Vive Input Utility插件提供的函数前，创作者需要在class关键字之前的位置，使用using关键字，引入Vive Input Utility插件中的函数所在的命名空间 "HTC.UnityPlugin.Vive"，将Vive Input Utility插件中提供的函数导入当前脚本。

第7～11行代码的作用：定义一个Animator类型的对象anim，并在Start函数中使用GetComponent函数初始化anim对象。

第14～21行代码的作用：在if...else if语句中，判断左手操控手柄的扳机键的状态。在if语句中，调用ViveInput.GetPressDown函数，并将HandRole.LeftHand和ControllerButton.Trigger变量作为参数，传入ViveInput.GetPressDown函数中。当用户按下左手操控手柄的扳机键时，ViveInput.GetPressDown函数会返回true。此时if语句会执行后续的代码，调用SetFloat函数，将与过渡参数Attack同名的字符串"Attack"及true作为参数传入SetFloat函数中，控制arthur_01角色模型从arthur_idle_01动画片段过渡到arthur_attack_01动画片段。

在else if语句中，创作者需要调用ViveInput.GetPressUp函数，将HandRole.LeftHand和ControllerButton.Trigger变量作为参数传入ViveInput.GetPressUp函数中。当用户松开左手操控手柄的扳机键时，ViveInput.GetPressUp函数会返回true。此时if语句会执行后续的代码，调用SetFloat函数，将与过渡参数Attack同名的字符串"Attack"及false作为参数传入SetFloat函数中，控制arthur_01角色模型从arthur_attack_01动画片段过渡到arthur_idle_01动画片段。

（7）在Herarchy窗口中，选中arthur_01角色模型的物体对象，在Inspector窗口中添加ChangeAnimation脚本和Animator组件，在Project窗口中将arthur动画状态机拖曳到Animator组件的Controller属性中，运行VR产品，即可通过按下和松开左手操控手柄的扳机键来控制动画片段的过渡，效果如图12-48所示。

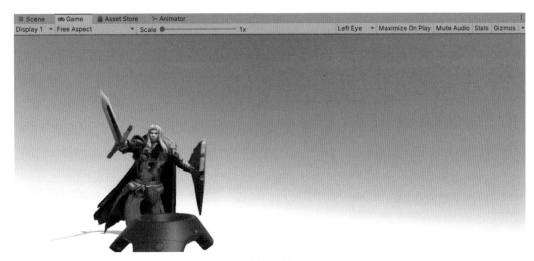

图12-48

12.3.2 控制物体对象的位移

本节将讲解如何使用Vive Input Utility插件的VivelInput.GetPadAxis
函数，实现使用右手操控手柄的触控板来控制小球位移的功能。

VivelInput.GetPadAxis函数可以根据用户的手指在触控板上的位
置，返回4种Vector2对象的数值。当用户的手指处于触控板的最上方
时，Vector2对象的数值为（0,1）；处于最左侧时，Vector2对象的数
值为（-1,0）；处于最右侧时，Vector2对象的数值为（1,0）；处于最
下方时，Vector2对象的数值为（0,-1）。用户的手指在触控板上的位
置示意如图12-49所示。

图12-49

不同数值的Vector2对象，代表物体对象在不同的方向上的位移。

- （0,1）：代表物体对象向上位移。
- （-1,0）：代表物体对象向左位移。
- （1,0）：代表物体对象向右位移。
- （0,-1）：代表物体对象向下位移。

利用VivelInput.GetPadAxis函数返回不同数值的Vector2对象，创作者可以对小球的位
移方向进行控制。具体的实现过程如下。

（1）为了让物体对象接受光照，创作者需要在Lighting窗口中勾选"Auto Generate"复

选框，启用场景的光照效果。

（2）为了让小球有足够的位移空间，创作者需要新建一个白色平面，用于放置物体对象。在白色平面的Inspector窗口中，将Transform组件的Scale属性设置为（10,10,10），以扩大白色平面的面积，确保小球的位移空间足够大。最后新建一个Sphere物体对象，将Sphere物体对象放置在白色平面上，效果如图12-50所示。

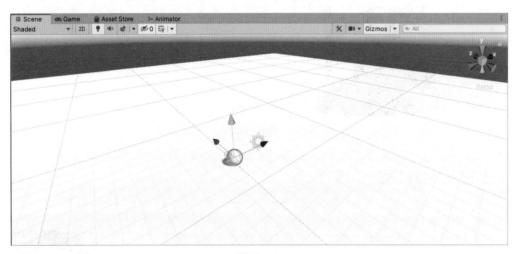

图12-50

（3）在Project窗口中新建一个名为"BallMoveScript"的脚本。双击该脚本，进入Visual Studio界面，编写用于控制小球位移的代码，如代码清单2所示。

```
代码清单2
01.    public float Speed;
02.    private Rigidbody rig;
03.    private void Start()
04.    {
05.        rig=GetComponent<Rigidbody>();
06.    }
07.    private void FixedUpdate ()
08.    {
09.        Vector2 dir=ViveInput.GetPadAxis(HandRole.RightHand);
10.        rig.AddForce(new Vector3(dir.x,0,dir.y)*Speed);
11.    }
```

第1～6行代码的作用：定义一个float类型的变量Speed，用于设置小球位移的速度；定义一个Rigidbody类型的对象rig，用于获取小球上的刚体组件；在Start函数中，使用GetComponent函数初始化rig对象。

第7 ~ 11行代码的作用：在FixedUpdate函数中，调用ViveInput.GetPadAxis函数，将HandRole.RightHand变量作为参数传入函数中；将操控手柄指定为右手操控手柄，定义一个Vector2类型的对象dir，存储ViveInput.GetPadAxis函数的返回值。调用AddForce函数，使用new关键字调用Vector3类的构造函数，定义一个Vector3类的对象作为AddForce函数的参数；在Vector3类的构造函数中，通过将dir对象的x变量和y变量分别设置为该构造函数的x分量和y分量，对小球的位移方向进行设置；最后让Vector3对象与Speed变量相乘，对小球的位移速度进行设置。

（4）选中Sphere物体对象，在Inspector窗口中，为其添加刚体组件和BallMoveScript脚本，然后在BallMoveScript脚本的参数面板中设置Speed变量的数值为2（该数值可以根据实际情况进行调整）。运行VR产品，即可使用右手操控手柄的触控板来控制Sphere物体对象的位移。

12.3.3 实现与 UI 组件的交互

本节将以点击UI按钮改变物体对象表面的颜色为例，讲解在VR产品中实现UI组件交互的方法。

（1）在Lighting窗口中，勾选"Auto Generate"复选框，启用场景的光照效果。新建一个白色平面，用于放置物体对象。在白色平面的Inspector窗口中，将Transform组件的Scale属性设置为（10,10,10），以扩大白色平面的面积。新建一个Sphere物体对象，将其放置在白色平面上，用做改变颜色的物体对象，效果如图12-51所示。

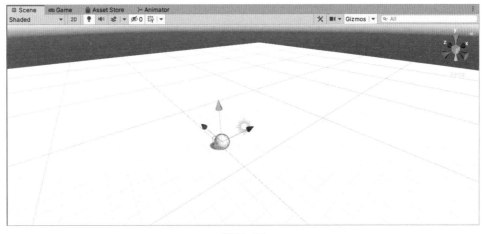

图12-51

（2）创建一个Button组件，选中Canvas物体对象，将Canvas物体对象的渲染模式设置为World Space。在Canvas物体对象的Rect Transform组件中，将Width和Height属性的数值分别设置为100和50，对Canvas物体对象的宽度和高度进行调整；将Scale属性的数值设置为（0.1,0.1,0.1），调整Canvas物体对象的缩放倍数。

（3）在Hierarchy窗口中，选中Button组件的物体对象；在Inspector窗口中，将Rect Transform组件的Scale属性的数值设置为（0.1,0.1,0.1），调整Button组件的缩放倍数。

（4）在Project窗口中，新建一个名为"ChangeColor"的脚本，在该脚本中编写控制小球颜色的代码，如代码清单3所示。

```
代码清单3
01.      private int index;
02.      public Renderer renderer;
03.      public void ChangeColorMethod()
04.      {
05.          if (index==0)
06.          {
07.              renderer.material.color=Color.red;
08.              Index=1;
09.          }
10.          else if (index==1)
11.          {
12.              renderer.material.color=Color.green;
13.              Index=2;
14.          }
15.          else if(index==2)
16.          {
17.              renderer.material.color=Color.yellow;
18.              index=0;
19.          }
20.      }
```

上述代码中，关键行代码的作用如下。

第1、2行代码的作用：定义一个int类型的变量index，以及一个Renderer类型的对象renderer。其中，index变量的作用是判断按钮的点击次数，renderer对象的作用是获取小球上用于控制渲染的Renderer组件。

第3行代码的作用：定义一个用于设置小球颜色的ChangeColorMethod函数。

第5～9行代码的作用：在ChangeColorMethod函数中，通过判断index变量的数值是否为0来判断用户是否为第1次点击按钮。如果是第1次点击按钮，就将小球的颜色设置为红色，将index变量的数值设置为1，让用户在第2次点击按钮时，将小球的颜色设置为绿色。

第10～14行代码的作用：在ChangeColorMethod函数中，通过判断index变量的数值是否为1来判断用户是否为第2次点击按钮。如果是第2次点击按钮，就将小球的颜色设置为绿色，将变量index的数值设置为2，让用户在第3次点击按钮时，将小球的颜色设置为黄色。

第15～19行代码的作用：在ChangeColorMethod函数中，通过判断index变量的数值是否为2来判断用户是否为第3次点击按钮。如果是第3次点击按钮，就将小球的颜色设置为黄色，将变量index的数值设置为0，让用户在第4次点击按钮时，将小球的颜色设置为用户第1次点击按钮时小球的颜色——红色。

（5）新建一个名为"MethodManager"的空物体对象，将ChangeColor脚本添加到该对象上，再将MethodManager空物体对象添加到Button组件上，并将ChangeColorMethod函数设置为Button组件的执行函数。

（6）为了可以正常显示VR产品的画面，创作者需要添加[CameraRig]物体对象，将Canvas物体对象和Sphere物体对象放置在[CameraRig]物体对象的视场范围内。

（7）为了让用户清楚是否可以点击UI按钮，创作者需要在Project窗口中，按照"HTC.UnityPlugin"→"ViveInputUtility"→"Prefabs"的路径顺序打开相应的文件夹，将SteamVR Plugin插件提供的预置物体VivePointers拖曳到Hierarchy窗口中，并将其设置为VivePointers物体对象。

VivePointers物体对象的作用是从虚拟操控手柄的位置发射一道蓝色射线，用于检测是否触碰到了物体对象，用户可以通过调整操控手柄的旋转角度来调整操控手柄的检测方向。如果射线触碰到了物体对象，那么射线就会在触碰点显示一个黄色的小球来提示用户，如图12-52所示。此时用户可以通过按下操控手柄的扳机键和物体对象进行交互。

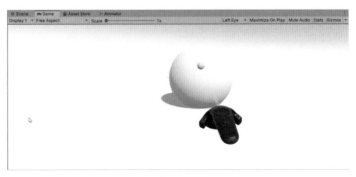

图12-52

（8）如果射线触碰到了UI组件的Button组件，那么在触碰点就不会显示黄色的小球。因此需要为Canvas物体对象添加一个由Vive Input Utility插件提供的Canvas Raycast Target脚本，如图12-53所示。只有添加了Canvas Raycast Target脚本，射线在触碰Button组件时才会显示黄色的小球，用户才可以通过按下操控手柄的扳机键来设置小球的颜色。

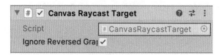

图12-53

（9）Canvas Raycast Target脚本添加完毕后，运行VR产品，当射线检测到Button组件时，会显示一个黄色的小球，如图12-54所示。此时用户通过按下操控手柄的扳机键来点击按钮，以设置小球的颜色。

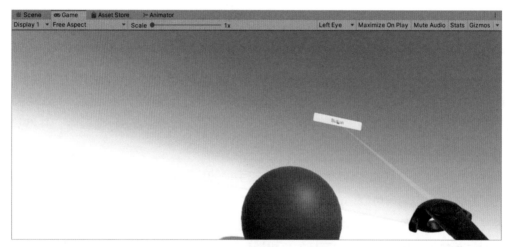

图12-54

12.3.4 拾取物体对象

本节将以拾取一个立方体物体对象为例，讲解如何在VR产品中实现拾取物体的功能。主要实现步骤如下。

（1）在Lighting窗口中，勾选"Auto Generate"复选框，启用场景的光照效果。新建一个白色平面，用于放置物体对象。在白色平面的Inspector窗口中，将Transform组件的Scale属性设置为（10,10,10），扩大白色平面的面积。新建一个立方体物体对象，用做本节案例进行拾取的物体对象。将立方体物体对象放置在白色平面上，如图12-55所示。

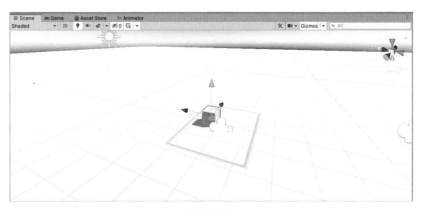

图12-55

（2）为了能够在虚拟现实头盔中显示VR产品的画面，创作者需要添加一个[CameraRig]物体对象，将立方体物体对象设置在画面的视场范围内。

（3）为了让立方体物体对象具有物理作用，创作者需要为其添加一个刚体组件。

（4）为了让立方体物体对象可以被拾取，创作者需要添加一个由Vive Input Utility插件提供的Draggable脚本，如图12-56所示。

（5）为了让用户知道立方体物体对象是否可以被拾取，创作者需要添加一个VivePointers物体对象。此时，运行VR产品，从操控手柄发射一道蓝色的射线，当射线触碰到立方体物体对象时，会在触碰点显示一个黄色的小球，以提示用户该物体对象可以被拾取，如图12-57所示。此时，用户只需按住操控手柄的扳机键，即可拾取立方体物体对象。

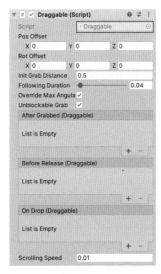

图12-56

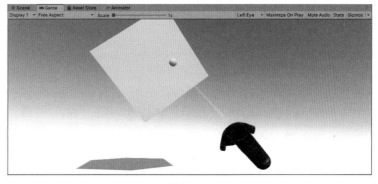

图12-57

12.4 同步强化模拟题

一、单选题

1. 通过定位器正面的频道指示灯可以检查定位器当前所处的频道。如果两个定位器处在相同或b和c之外的频道上，就需要通过按下定位器背部的（　　）按钮，切换定位器的频道，直到将两个定位器的频道分别设置成b和c为止。

A. 切换 　　　　　B. C 　　　　　C. 频道 　　　　　D. B

2. [CameraRig]物体对象会根据用户当前的（　　）和视角，更新虚拟现实头盔显示的画面；根据操控手柄的位置，在VR产品的画面中显示操控手柄的虚拟模型，让用户能够清楚知道操控手柄当前的所在位置。

A. 前后 　　　　　B. 上下 　　　　　C. 位置 　　　　　D. 左右

3. 使用Vive Input Utility插件的（　　）函数，可以实现使用右手操控手柄的触控板来控制物体对象的位移的功能。

A. Player 　　　　　　　　　　　B. Tag

C. UnTagged 　　　　　　　　　D. ViveInput.GetPadAxis

二、多选题

1. 为了确保用户能有足够的活动空间，以及不超出定位器采集动作信息的范围，房间最小宽度应为（　　）米，最小高度应为（　　）米，定位器之间的对角线距离不能超过（　　）米。

A. 1.5 　　　　　B. 2 　　　　　C. 5 　　　　　D. 3

2. 使用操控手柄控制动画片段的过渡时，需要在脚本中使用if语句、（　　）和（　　）来控制SetFloat函数的执行。

A. ViveInput.GetPadAxis 函数 　　　B. ViveInput.GetPressDown 函数

C. false 　　　　　　　　　　　　D. ViveInput.GetPressUp 函数

三、判断题

1. 定位器能够捕捉用户的动作信息，确定用户当前的位置。（　　）

2. 为了确保定位器可以采集到用户完整的动作信息，需要在房间里找到固定定位器的位置。固定完定位器后，还需要将定位器的旋转角度调整到30°～45°，让定位器拥有180°左右的视场范围，确保采集信息的完整性。（　　）

第 13 章

AR房地产海报设计案例

经过前面章节的学习，读者已经掌握了制作一款AR产品的方法。本章将通过一个制作AR房地产海报设计的案例将AR产品的设计流程串联起来，帮助读者领会AR产品的设计思维和设计方法。

本案例中，AR产品由两部分组成：一部分是AR房地产海报，另一部分是AR房地产App。用户可以根据AR房地产海报中的文字说明扫描海报中的二维码，下载一个名为"万事兴别墅"的App，使用万事兴别墅App扫描AR海报中的别墅图，也就是触发图，可以看到别墅的立体模型，以及 ⊷ 、 ◔ 、 ∅ 、 ✕ 等按钮和说明卡片，如图13-1所示。

用户可以通过滑动手机屏幕查看别墅各个角度的场景。点击别墅图下方的按钮，可以分别进入别墅室内场景、拨打售房电话界面、万事兴别墅宣传H5界面或者退出AR应用。在别墅室内的场景中，用户可以以第一人称的视角查看别墅内的情况。这里将本案例的实现过程分为了3部分，分别是室外场景的制作、室内场景的制作和产品发布，下面详细介绍各部分的制作过程。

图13-1

13.1 室外场景的制作

本节将制作AR房地产海报设计案例的室外场景部分，也就是用户扫描AR触发图后看到的别墅立体模型。

13.1.1 导入素材

在制作本案例之前，创作者需要先从Unity商店中下载并导入别墅外观模型的素材"European Villa #2"、室内场景的素材"Minimalist ArchViz Bedroom"、第一人称控制器素材"Standard Assets"、操控第一人称控制器位移的虚拟摇杆素材"Joystick Pack"以及本案例的UI素材。其中本案例的UI素材可以从本书的配套资源中获取。导入素材后的素材文件夹会显示在Project窗口中，如图13-2所示。

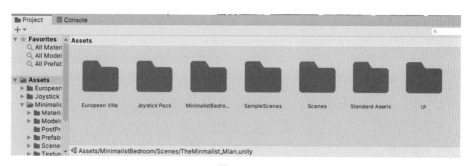

图13-2

提示 从Unity商店下载的素材导入Unity后，Unity中显示的素材文件夹的名称与Unity商店中显示的素材名称会略有不同。

13.1.2 制作触发图

触发图是指用户使用移动设备扫描后出现立体模型的图片。首先，创作者需要将名为"触发图"的UI素材，也就是万事兴别墅的平面图上传到Vuforia官网，生成触发图的数据包，再将数据包导入Unity。然后在Unity中创建一个ImageTarget物体对象，将触发图的数据包添加到ImageTarget物体对象上，ImageTarget上就会显示触发图的图片，如图13-3所示。

图13-3

13.1.3 设置别墅的位置和光照

从别墅外观模型的素材包"European Villa #2"中，将别墅的外观模型"Villa_2"拖入Scene窗口，并放置在ImageTarget物体对象的上面，也就是触发图的上面。将别墅的外观模型设置为ImageTarget物体对象的子物体，这样用户在使用手机扫描触发图时，才能看到别墅的外观模型，如图13-4所示。

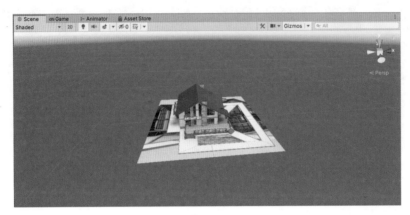

图13-4

此时创作者可能会遇到场景中光照效果偏暗的问题，原因是环境光被设置成了黑色，因此需要在"Lighting"面板的"Scene"选项卡中设置"Ambient Color"属性，将环境光的颜色设置为白色，如图13-5所示。

为了让用户使用手机扫描触发图时，光照效果能应用到别墅上，创作者需要将场景中默认就有的用于向场景中发射光线的物体对象"Directional Light"设置为ImageTarget物体对象的子物体。

此外，为了保证用户扫描触发图后，能看到别墅的外观模型，创作者还需要将场景中原来的Main Camera物体对象删除，然后新建一个AR Camera物体对象。

13.1.4 调整别墅模型的角度

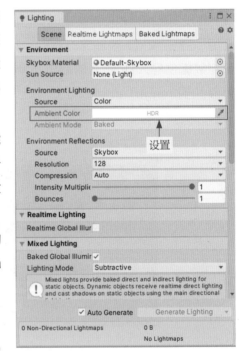

图13-5

为了让用户看到别墅内每个角度的效果，创作者需要创建一个名为"RotateScript"的脚本，并在该脚本中调用Input.GetMouseButton(0)、transform.Rotate、Input.GetTouch(0)、Input.touchCount、touch.phase、TouchPhase.Moved、Input.GetAxis（"Mouse X"）等函数和

变量，用于实现滑动屏幕调整别墅模型角度的功能。详细的代码如代码清单1所示。

代码清单1

```
01.    using System.Collections;
02.    using System.Collections.Generic;
03.    using UnityEngine;
04.    public class RotateScript : MonoBehaviour
05.    {
06.        public float Speed;
07.        private void Update()
08.        {
09.
10.            if (Input.GetMouseButton(0))
11.            {
12.                Touch touch=Input.GetTouch(0);
13.                if (Input.touchCount==1)
14.                {
15.                if (touch.phase==TouchPhase.Moved)
16.                {
17.                transform.Rotate(new Vector3(0,Input.GetAxis("MouseX")
*Speed*Time.deltaTime,0));
18.                }
19.                }
20.            }
21.        }
22.    }
```

RotateScript脚本制作完成后，将其添加到别墅的外观模型上即可。

13.1.5 制作室外场景的 UI 界面

基于别墅模型的位置，在别墅模型的前面制作室外场景的UI界面。UI界面中包括4个按钮和1个说明卡片。用户通过别墅的信息说明卡片可以了解别墅的名称、售价、竣工日期等信息；点击相应按钮，可以进入别墅室内、拨打售房电话界面、万事兴别墅宣传H5界面或者退出AR应用。有关按钮功能的实现会在13.1.7小节中讲解，这里先讲解如何制作静态的按钮。具体的制作过程如下。

（1）创建2个Image组件，用于制作别墅信息说明卡片的背景以及别墅信息之间的分割线；创建3个Text组件，用于记录别墅的名称、建造日期、竣工日期等信息；调整上述组件的大小、位置以及Text组件显示的文字的字体，效果如图13-6所示。

图13-6

（2）创建4个Button组件，将UI素材中的"进入""电话""链接""关闭"图片设置为Button组件显示的图片。调整Button组件的大小后，将Button组件依次放置在别墅信息说明卡片的上方，效果如图13-7所示。至此室外场景的UI界面的整体效果制作完成。

图13-7

（3）为了让用户在扫描触发图时可以看到UI界面，还需要将UI界面设置为ImageTarget物体对象的子物体。

13.1.6 制作别墅模型和 UI 界面的动画

为了让静态的别墅模型和UI界面更加生动，需要为其添加过渡动画。本节讲解如何使用"Animation"面板制作别墅模型和UI界面的过渡动画，以及如何调整过渡动画的播放顺序，优化产品的整体效果。

1. 制作过渡动画

制作别墅模型的过渡动画，实现别墅模型从小到大的变化效果。为此，创作者需要在"Animation"面板中，制作别墅模型从小到大变化的过渡动画，如图13-8所示。

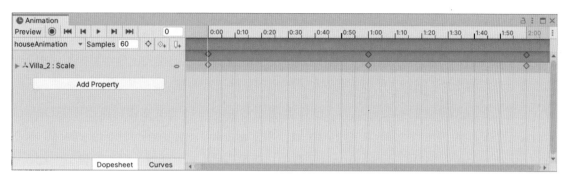

图13-8

使用类似的方法，制作别墅信息说明卡片的过渡动画，实现说明卡片从小到大的变化效果；制作按钮的过渡动画，实现按钮从完全透明到完全可见的渐变效果，如图13-9所示。

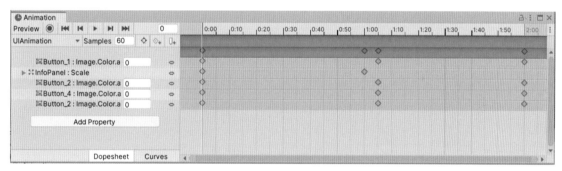

图13-9

过渡动画制作完毕后，别墅模型就会与UI界面同时播放。

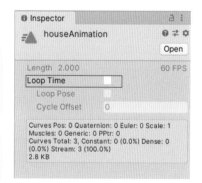

图13-10

注意 为了避免动画重复播放，创作者在创建动画片段时，需要在动画片段的Inspector窗口中，取消"Loop Time"复选框的勾选，如图13-10所示。

提示 这里涉及的新知识点是在"Animation"面板中制作动画片段的方法，该知识点将在本案例的操作视频中进行详细讲解。

2. 调整动画的播放时机和顺序

过渡动画制作完成后，在Unity中运行时会发现，触发图出现在计算机的摄像头前时并没有出现动画效果，但是运行后在Unity中可以看到别墅模型的scale属性的数值有一个由小到大的变化。这说明在计算机识别触发图前动画已经自动播放完了，导致别墅模型、按钮和别墅信息说明卡片在识别触发图后直接出现，没有动画。因此，创作者需要对别墅模型、按钮和别墅信息说明卡片出现的时机进行调整，以便在手机识别触发图时播放动画效果。

又因为动画会按照创作者制作动画片段时的顺序播放，按照前面制作动画片段的顺序，此时别墅模型会与UI界面同时播放。但是按照事物发展的顺序，应该是先出现别墅模型，接着出现别墅信息说明卡片和按钮，所以需要对动画的播放顺序进行调整。

设置别墅模型动画的播放时机时，创作者需要对ImageTarget物体对象自带的Default Trackable Event Handler脚本进行编辑。在DefaultTrackableEventHandler脚本的OnTrackingFound和OnTrackingLost函数中，调用SetActive函数，对别墅模型的动画播放时机进行控制，让别墅模型的动画只在触发图出现在计算机的摄像头前才进行播放，详细的代码如代码清单2所示。

```
代码清单2
01.    /*==============================================================
02.    Copyright (c) 2019 PTC Inc. All Rights Reserved.
03.
04.    Copyright (c) 2010-2014 Qualcomm Connected Experiences,Inc.
05.    All Rights Reserved.
06.    Confidential and Proprietary - Protected under copyright and other
       laws.
07.    ==============================================================*/
08.
09.    using UnityEngine;
10.    using Vuforia;
11.
12.    /// <summary>
13.    /// A custom handler that implements the ITrackableEventHandler
       interface.
14.    ///
15.    /// Changes made to this file could be overwritten when upgrading
       the Vuforia version.
16.    /// When implementing custom event handler behavior,consider
       inheriting from this class instead.
17.    /// </summary>
18.    public class DefaultTrackableEventHandler : MonoBehaviour,
       ITrackableEventHandler
19.    {
20.        public GameObject house;
21.        #region PROTECTED_MEMBER_VARIABLES
22.
23.        protected TrackableBehaviour mTrackableBehaviour;
```

```
24.          protected TrackableBehaviour.Status m_PreviousStatus;
25.          protected TrackableBehaviour.Status m_NewStatus;
26.
27.          #endregion // PROTECTED_MEMBER_VARIABLES
28.
29.          #region UNITY_MONOBEHAVIOUR_METHODS
30.
31.          protected virtual void Start()
32.          {
33.              mTrackableBehaviour=GetComponent<TrackableBehaviour>();
34.              if(mTrackableBehaviour)
35.              mTrackableBehaviour.RegisterTrackableEventHandler(this);
36.          }
37.
38.          protected virtual void OnDestroy()
39.          {
40.              if(mTrackableBehaviour)
41.              mTrackableBehaviour.UnregisterTrackableEventHandler(this);
42.          }
43.
44.          #endregion // UNITY_MONOBEHAVIOUR_METHODS
45.
46.          #region PUBLIC_METHODS
47.
48.          /// <summary>
49.          ///Implementation of the ITrackableEventHandler function
                            called when the tracking state changes.
50.          /// </summary>
51.          public void OnTrackableStateChanged(
52.              TrackableBehaviour.Status previousStatus,
53.              TrackableBehaviour.Status newStatus)
54.          {
55.              m_PreviousStatus=previousStatus;
56.              m_NewStatus=newStatus;
57.
58.              Debug.Log("Trackable"+mTrackableBehaviour.TrackableName
        +""+mTrackableBehaviour.CurrentStatus+"--"+mTrackableBehaviour.
            CurrentStatusInfo);
59.              if(newStatus==TrackableBehaviour.Status.DETECTED||
60.                  newStatus==TrackableBehaviour.Status.TRACKED||
61.                  newStatus==TrackableBehaviour.Status.EXTENDED_TRACKED)
62.              {
63.                  OnTrackingFound();
64.              }
65.              else if(previousStatus==TrackableBehaviour.Status.TRACKED &&
66.                  newStatus==TrackableBehaviour.Status.NO_POSE)
67.              {
```

```
68.                          OnTrackingLost();
69.                      }
70.                  else
71.                  {
72.  // For combo of previousStatus=UNKNOWN+newStatus=UNKNOWN|NOT_FOUND
73.      // Vuforia is starting,but tracking has not been lost or found yet
74.      // Call OnTrackingLost() to hide the augmentations
                      OnTrack ingLost();
75.                  }
76.              }
77.
78.          #endregion // PUBLIC_METHODS
79.
80.          #region PROTECTED_METHODS
81.
82.          protected virtual void OnTrackingFound()
83.          {
84.              if(mTrackableBehaviour)
85.              {
86.                  var rendererComponents=mTrackableBehaviour.
                      GetComponentsInChildren<Renderer>(true);
87.                  var colliderComponents=mTrackableBehaviour.
                      GetComponentsInChildren<Collider>(true);
88.                  var canvasComponents=mTrackableBehaviour.
                      GetComponentsInChildren<Canvas>(true);
89.
90.                  // Enable rendering:
91.                  foreach (var component in rendererComponents)
92.                      component.enabled=true;
93.
94.                  // Enable colliders:
95.                  foreach (var component in colliderComponents)
96.                      component.enabled=true;
97.
98.                  // Enable canvas':
99.                  foreach (var component in canvasComponents)
100.                     component.enabled=true;
101.             }
102.             house.SetActive(true);
103.         }
104.
105.
106.         protected virtual void OnTrackingLost()
107.         {
108.             if(mTrackableBehaviour)
```

```
109.          {
110.              var rendererComponents=mTrackableBehaviour.
                  GetComponentsInChildren<Renderer>(true);
111.              var colliderComponents=mTrackableBehaviour.
                  GetComponentsInChildren<Collider>(true);
112.              var canvasComponents=mTrackableBehaviour.
                  GetComponentsInChildren<Canvas>(true);
113.
114.              // Disable rendering:
115.              foreach (var component in rendererComponents)
116.                  component.enabled=false;
117.
118.              // Disable colliders:
119.              foreach (var component in colliderComponents)
120.                  component.enabled=false;
121.
122.              // Disable canvas':
123.              foreach (var component in canvasComponents)
124.                  component.enabled=false;
125.          }
126.          house.SetActive(false);
127.      }
128.
129.      #endregion // PROTECTED_METHODS
```

创建一个名为"UIAnimationTrigger"的脚本，在该脚本中编写两个函数：HidenPanel和ShowPanel，在这两个函数中分别调用SetActive函数。将UIAnimationTrigger脚本添加到别墅模型上。该脚本中的代码如代码清单3所示。

代码清单3

```
01.    using System.Collections;
02.    using System.Collections.Generic;
03.    using UnityEngine;
04.
05.    public class UIAnimationTrigger : MonoBehaviour
06.    {
07.        public GameObject panel;
08.        public void HidenPanel()
09.        {
10.            panel.SetActive(false);
11.        }
12.        public void ShowPanel()
13.        {
14.            panel.SetActive(true);
15.        }
16.    }
```

在"Animation"面板中，将HidenPanel和ShowPanel函数设置为动画事件，如图13-11所示，即可实现先出现别墅模型后出现UI界面的动画效果。

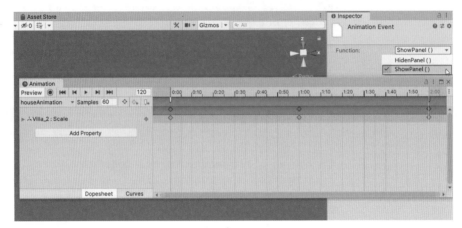

图13-11

> 提示 本小节中涉及的新知识点是OnTrackingFound函数、OnTrackingLost函数和动画事件，这些新知识点将在本案例的操作视频中进行详细讲解。

13.1.7 使用脚本实现 UI 按钮的功能

前面小节中已经实现了UI界面的整体效果，但按钮还不具备实际的功能。本小节将讲解如何在脚本中编写用于实现UI按钮功能的函数。

1．进入别墅室内场景

在实现进入别墅室内场景的按钮的功能前，创作者需要先将室外和室内的场景文件添加到Build Settings窗口中的"Scene in Build"属性上。其中，室外场景的文件是Unity默认创建的场景文件"SampleScene"，室内场景的文件是"Minimalist ArchViz Bedroom"素材包中的"TheMinmalist_Mian"，如图13-12所示。

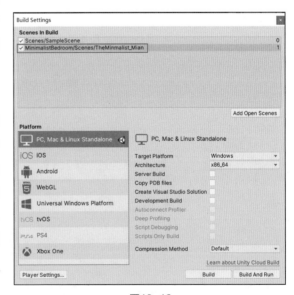

图13-12

创建一个名为"UIMethod"的脚本，以及一个用于添加UIMethod脚本的空物体对象"MethodManager"，将UIMethod脚本添加到MethodManager物体对象上。在UIMethod脚本中编写一个ChangeScene函数，在ChangeScene函数中调用SceneManager.LoadScene函数，目的是将ChangeScene函数设置为室内场景按钮执行的函数，实现点击按钮进入别墅室内场景的功能。ChangeScene函数的代码如代码清单4所示。

```
代码清单4
01.      public void ChangeScene()
02.      {
03.          SceneManager.LoadScene(1);
04.      }
```

2. 进入拨打售房电话界面

实现进入拨打售房电话界面的按钮的功能时，需要在UIMethod脚本中编写CallPhone函数，并在CallPhone函数中调用Application.OpenURL函数，将CallPhone函数的参数phoneNumber传入Application.OpenURL函数中，目的是将CallPhone函数设置为进入拨打售房电话界面按钮执行的函数。在Inspector窗口中，通过设置phoneNumber参数的数值来设置电话号，实现点击按钮即可进入拨打售房电话界面的功能。CallPhone函数的代码如代码清单5所示。

```
代码清单5
01.      public void CallPhone(string phoneNumber)
02.      {
03.          Application.OpenURL("tel://"+phoneNumber);
04.      }
```

3. 进入万事兴别墅H5宣传界面

实现进入万事兴别墅H5宣传界面按钮的功能时，创作者需要在UIMethod脚本中编写一个SkiptoWeb函数，并在该函数中调用WWW类定义的一个对象，将定义的对象作为参数传入Application.OpenURL函数中，目的是将SkiptoWeb函数设置为进入万事兴别墅H5宣传界面按钮执行的函数，实现点击按钮即可进入万事兴别墅H5宣传界面的功能。SkiptoWeb函数的代码如代码清单6所示。

```
代码清单6
01.      public void SkiptoWeb()
02.      {
03.          WWW a=new WWW("https://a.eqxiu.com/s/C8SvICkI");
```

```
04.            Application.OpenURL(a.url);
05.        }
```

4. 退出AR应用

实现退出AR应用按钮的功能时，创作者需要在UIMethod脚本中编写一个QuitMethod函数，并在QuitMethod函数中调用Application.Quit函数，目的是将QuitMethod函数设置为退出AR应用按钮执行的函数，实现点击按钮退出AR应用的功能。QuitMethod函数的代码如代码清单7所示。

```
代码清单7
01.    public void QuitMethod()
02.    {
03.        Application.Quit();
04.    }
```

至此，室外场景的整体效果制作完毕。

> 提示　本小节中涉及的新知识点是SceneManager.LoadScene、Application.OpenURL、Application.Quit函数和WWW类，这些知识点将在本案例的操作视频中进行详细讲解。

13.2 室内场景的制作

本节将制作AR房地产海报设计案例的室内场景，用户可以在别墅的室内场景中如身临其境一般观看别墅的室内装修效果。

13.2.1 设置光照效果

双击室内场景文件"TheMinmalist_Mian"，或者在室外场景中点击进入别墅室内场景按钮，进入室内场景后，会发现室内的光线较暗，为此创作者需要新建一个Point Light组件，并设置该组件的Range属性，扩大光照的作用范围；设置Intensity属性，提高室内的光照强度，效果如图13-13所示。

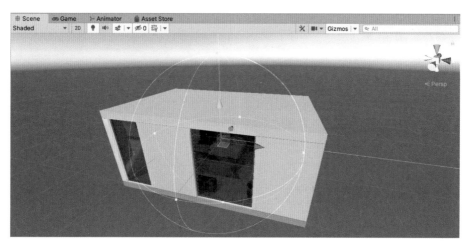

图13-13

13.2.2 添加碰撞器

为了避免用户在浏览室内装修效果时出现"穿模"的问题，创作者需要为场景中的所有物体对象添加Mesh Collider碰撞器。和其他碰撞器不同的是，Mesh Collider会根据物体对象的外观形状改变自身的外观形状。本案例中，Mesh Collider的属性保持默认设置即可，如图13-14所示。

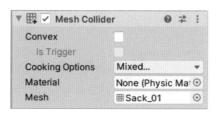

图13-14

13.2.3 添加第一人称控制器

进入室内场景后，为了让用户能够浏览室内的装修效果，创作者可以将Standard Assets素材文件夹中的第一人称控制器FPSController拖入室内场景。

在Inspector窗口中，选中第一人称控制器的相机"Camera"，在Scene窗口中适当调高相机的高度，效果如图13-15所示。此时，创作者可以通过按键盘中的"W""A""S""D"键操控第一人称控制器在室内场景中进行移动，如图13-16所示。

图13-15

图13-16

13.2.4 制作室内场景的 UI 界面

本小节将讲解如何设置室内场景的UI界面。室内场景的UI界面分为3部分，对应的功能分别是返回主界面，也就是室外场景；拖曳控制视角前后左右移动；滑动屏幕调整浏览视角。具体的制作过程如下。

（1）在室内场景文件中创建一个用于制作返回主界面按钮的Button组件，将Button组件显示的图片设置为UI素材文件夹中的"返回主界面"图片，然后将Button组件放置在室内场景的右上角，如图13-17所示。

（2）在Joystick Pack素材文件夹中，将移动摇杆Fixed Joystick拖曳到Scene窗口的左下角，并将摇杆显示的图片替换为UI素材文件夹中的"direction"图片，效果如图13-18所示。

图13-17

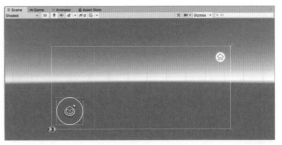

图13-18

（3）新建一个Image组件，调整Image组件的大小，用于实现滑动屏幕调整浏览视角的功能，如图13-19所示。

（4）从图13-19中可以看出Image组件为白色，这会遮挡用户浏览室内场景的视线，因此创作者需要将Image组件的Alpha属性设置为0，让Image组件变成透明，如图13-20所示。

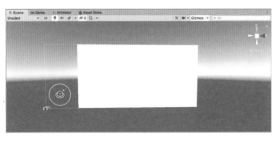 

图13-19　　　　　　　　　　　　图13-20

13.2.5　使用脚本实现 UI 界面的功能

本小节讲解如何使用脚本实现室内场景的 UI 界面的功能，包括使用摇杆控制第一人称控制器的移动方向、滑动屏幕调整浏览视角的范围、单击返回主界面按钮返回主界面。

1.　使用摇杆控制第一人称控制器的移动方向

由于第一人称控制器本身已经具备了移动的功能，因此这里要实现的功能仅是使用摇杆控制第一人称控制器的移动方向。创作者需要新建一个名为"ControllerInput"的脚本，并将该脚本添加到第一人称控制器上；使用 joystick.Horizontal 和 joystick.Vertical 变量初始化 Vector2 对象的 X 和 Y 分量，再将 Vector2 对象赋值给 controller.RunAxis 对象，用于控制第一人称控制器移动的方向。详细的代码如代码清单 8 所示。

代码清单 8
```
01.    using System.Collections;
02.    using System.Collections.Generic;
03.    using UnityEngine;
04.    using UnityStandardAssets.Characters.FirstPerson;
05.    public class ControllerInput : MonoBehaviour
06.    {
07.        public FixedJoystick joystick;
08.        public TouchField TouchField;
09.
10.        private FirstPersonController controller;
11.        private void Start()
12.        {
13.            controller=GetComponent<FirstPersonController>();
14.        }
15.        private void Update()
16.        {
17.    controller.RunAxis=new Vector2(joystick.Horizontal,joystick.
       Vertical);
18.        }
19.    }
```

261

将摇杆Joystick拖曳到ControllerInput脚本的Inspector窗口中，如图13-21所示，即可实现拖曳摇杆控制第一人称控制器的移动方向的功能。

图13-21

2. 滑动屏幕调整浏览视角的范围

要实现滑动屏幕调整浏览视角的功能，创作者需要先创建一个名为"TouchField"的脚本，并将该脚本添加到设置滑动屏幕调整浏览视角的Image组件（其名称为Panel）上。在该脚本中编写一个OnPointerDown函数和一个Update函数。在OnPointerDown函数中调用Pressed、eventData.pointerId、eventData.position变量，用于更新用户手指滑动屏幕时的位置信息。在Update函数中，调用Input.touches.Length、Input.touches[PointerId].position、Input.mousePosition.x、Input.mousePosition.y、Input.mousePosition变量，用于更新用户手指位置信息的代码。当用户的手指离开手机屏幕时，需要在OnPointerUp函数中，将Pressed变量的值设置为false。详细的TouchFied脚本代码如代码清单9所示。

代码清单9

```
01.    using System.Collections;
02.    using System.Collections.Generic;
03.    using UnityEngine;
04.    using UnityEngine.EventSystems;
05.    public class TouchField : MonoBehaviour, IPointerDownHandler,
       IPointerUpHandler
06.    {
07.        public Vector2 TouchDist;
08.        public Vector2 PointerOld;
09.        public int PointerId;
10.        public bool Pressed;
11.
12.        public void OnPointerDown(PointerEventData eventData)
13.        {
14.            Pressed=true;
15.            PointerId=eventData.pointerId;
16.            PointerOld=eventData.position;
17.        }
18.
19.        public void OnPointerUp(PointerEventData eventData)
20.        {
21.            Pressed=false;
22.        }
23.        void Update()
24.        {
25.            if (Pressed)
26.            {
```

```
27.                    if (PointerId>=0&&PointerId<Input.touches.Length)
28.                    {
29.                    TouchDist=Input.touches[PointerId].position-PointerOld;
30.                    PointerOld=Input.touches[PointerId].position;
31.                    }
32.                    else
33.                    {
34.                    TouchDist=new Vector2(Input.mousePosition.x,Input.
                           mousePosition.y)-PointerOld;
35.                    PointerOld=Input.mousePosition;
36.                    }
37.                }
38.                else
39.                {
40.                TouchDist=new Vector2();
41.                }
42.            }
43.
44.        }
```

编写完TouchField脚本的代码后，创作者需要在ControllerInput脚本的Update函数中，使用TouchField.TouchDist变量对controller.m_MouseLook.LookAxis变量进行初始化，并将设置滑动屏幕调整浏览视角的Image组件（其名称为Panel）拖曳到ControllerInput脚本的Inspector窗口中，即可实现滑动屏幕调整浏览视角的范围的功能。Update 函数的代码如代码清单10所示。

代码清单10
```
01.    private void Update()
02.    {
03.        controller.RunAxis=new Vector2(joystick.Horizontal,joystick.Vertical);
04.        controller.m_MouseLook.LookAxis=TouchField.TouchDist;
05.    }
```

提示 这里涉及的新知识点是OnPointerDown、OnPointerUp函数，以及joystick.Horizontal、joystick.Vertical、eventData.pointerId、Input.mousePosition.x、Input.mousePosition.y、Input.mousePosition、eventData.position、Input.touches.Length、Input.touches[PointerId].position变量，这些知识点将在本案例的操作视频中进行详细讲解。

3. 单击返回主界面按钮返回主界面

在实现返回主界面按钮的功能时，创作者需要创建一个名为"MainScene"的脚本和一个用于添加MainScene脚本的物体对象UIManager。在MainScene脚本中编写一个Back函数，在Back函数中调用SceneManager.LoadScene函数。MainScene脚本的代码如代码清单11所示。

```
代码清单11
01.      using System.Collections;
02.      using System.Collections.Generic;
03.      using UnityEngine;
04.      using UnityEngine.SceneManagement;
05.      public class MainScene : MonoBehaviour
06.      {
07.          public void Back()
08.          {
09.              SceneManager.LoadScene(0);
10.          }
11.      }
```

将MainScene脚本添加到UIManager物体对象上，将Back函数设置为返回主界面按钮的执行函数，即可实现点击返回主界面按钮返回主界面的功能。至此室内场景制作完成。

13.3 发布产品

这个AR产品主要面向的是Android用户群体，因此，需要发布到Android平台上。在发布前，创作者需要将UI素材文件夹中的启动页图片设置为AR产品的启动画面，如图13-22所示。

为了避免AR产品在不同分辨率的手机上运行时，出现应用图标被拉伸变形的问题，创作者需要使用Android Studio编辑器来设置应用图标。创作者只需将应用图标添加到Android Studio编辑器中，导出相应的文件，再将该文件导入Unity即可。

在安装Android Studio编辑器之前，创作者需要先安装Java JDK，然后对环境变量path进行设置，目的是为Android Studio编辑器的运行提供相应的软件支持。为此，创作者需要在"编辑环境变量"对话框中设置Java JDK的安装路径，以此来完成对环境变量path的设置，如图13-23所示。

图13-22 图13-23

创作者可以在CMD窗口中输入"java -version"并按"Enter"键，查看环境变量是否设置成功。如果设置成功，就会在CMD窗口显示Java JDK的相关信息，如图13-24所示。

图13-24

在Android Studio编辑器右侧的文件目录中，找到用于解决图标拉伸变形问题的文件，然后将这些文件放置到Project窗口中的res文件夹下，如图13-25所示，即可实现所应用的图标在不同分辨率下的自适应功能。

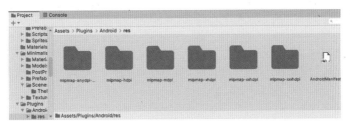

图13-25

至此基本完成了AR产品的制作。为了降低AR产品出问题的概率，创作者需要对AR产品进行反复的测试。在确定AR产品没有问题后，即可将AR产品发布到Andriod平台并生成相应的安装包。

为了使用户有完整的产品体验，创作者需要将触发图制作成AR海报，将用于下载AR产品的安装包生成一个二维码，再将二维码添加到AR海报上，如图13-26所示。这样用户直接扫描AR海报中的二维码，就可以下载和安装AR产品的App。

用户在手机中安装完App后，可以直接使用手机扫描AR海报上的触发图，观看别墅的立体模型；点击别墅图下方的按钮，可以进入别墅室内界面、拨打售房电话界面、万事兴别墅H5宣传界面或者退出AR应用，如图13-27所示。

图13-26

图13-27

提示　这里涉及的新知识点是Java JDK、Android Studio、Image Assets，这些新知识点将在视频中进行详细讲解。

13.4 同步强化模拟题

一、单选题

1. 在制作AR房地产海报设计案例时，为了避免用户在浏览室内装修效果时出现"穿模"的问题，需要为场景中的所有物体对象添加（　　）碰撞器。

A. Inspector　　　　B. CameraRig　　　　C. Mesh Collider　　　　D. FPSController

2. 将虚拟摇杆和设置滑动屏幕调整浏览视角的区域范围的Image组件拖曳到ControllerInput脚本的Inspector窗口中，即可实现拖曳摇杆控制第（　　）人称控制器的移动方向的功能。

A. 一　　　　　　　B. 二　　　　　　　C. 三　　　　　　　D. 四

3. 查看环境变量是否设置成功，应在CMD窗口中输入"java -version"后按（　　）键。

A. Player　　　　B. Tag　　　　　　C. UnTagged　　　　D. Enter

二、多选题

1. 实现进入拨打售房电话界面的按钮的功能时，需要在UIMethod脚本中编写（　　）函数，并在该函数中调用（　　）函数，再将CallPhone函数设置为此按钮的执行函数。

A. CallPhone　　　　　　　　　　B. Application.OpenURL

C. Application.Open　　　　　　　D. phoneNumber

2. 在实现滑动屏幕调整浏览视角的范围的功能时，需要先创建一个名为"TouchField"的脚本，在该脚本中编写一个OnPointerDown函数，并在该函数中调用（　　）、（　　）和（　　）变量，用于更新用户手指滑动屏幕时的位置信息。

A. Pressed　　　　　　　　　　B. eventData.pointerId

C. eventData.position　　　　　　D. CallPhone

三、判断题

1. 触发图是指用户使用移动设备扫描后出现立体模型的图片。（　　）

2. 为了避免动画重复播放，创作者在创建动画片段时，需要在动画片段的Inspector窗口中，勾选"Loop Time"复选框。（　　）

3. 在实现进入别墅室内场景的按钮的功能前，需要先将室外和室内场景的场景文件添加到Build Settings窗口中的"Scene in Build"属性上。（　　）

第 14 章

VR/AR营销案例

营销的目的是让用户了解产品，进而产生购买行为。近些年，在一些产品的营销中经常会看到VR/AR技术的身影。例如，京东的AR试妆，麦当劳的世界杯AR踢球游戏，沃尔沃的试驾VR体验等。与图文、短视频等媒体营销相比，AR营销更强调与现实的互动，可以将现实与虚拟融合，呈现更具趣味性的交互模式；VR营销则更侧重于"打破时空"，用户可以足不出户即可获得身临其境的体验。本章以支付宝集五福和贝壳找房为例，讲解VR/AR技术如何为产品营销赋能，促进最终的用户转化。

14.1 AR营销案例：支付宝集五福

支付宝集五福是支付宝官方推出的一款互动活动，目的是获取、激活和转化更多的用户。五福指爱国福、敬业福、友善福、和谐福及富强福。集五福是指支付宝用户通过AR扫描福字、与好友交换福卡、给蚂蚁森林浇水等途径，在除夕夜开奖前将5种福卡全部集齐并合成来获得红包的过程。

支付宝集五福活动于2016年上线，2017年推出AR扫任意福字获得福卡的功能，截至2021年已经连续举办了6年，玩法每年都有一些新的变化，但是AR扫福字玩法一直都保留着。支付宝集五福活动之所以会成为近乎全民皆知的AR营销活动，是因为其采用了如下营销策略。

（1）借势营销，赋予活动精神与物质双重价值。

支付宝以春节为背景，选取我国独有的概念"福"作为活动焦点，推出集五福活动，借传统节日和文化之势，营造节日氛围，无须过多宣传，即可引起人们的广泛关注。其活动规则是集齐五福的用户可以随机瓜分支付宝上亿元的红包，这就极大地调动了用户参与的热情。同时，因福卡的未知性和红包金额的不确定性，增加了活动的趣味性和刺激性，进而增加了用户的黏性。

（2）操作设计简单，活动参与度高。

吸引用户来参加活动后，就需要引导用户参与活动。如果用户来了之后发现参与过程复杂，并且上手还有难度，那么用户大概率是不会参加的。而支付宝集五福活动就在支付宝App中，用户无须再下载一个专门的软件来参与活动。活动开始后，打开App就能看到活动入口，如图14-1所示。进入活动页面可以看到AR扫福提示，如图14-2所示。扫描对象就是"福"字，这个"福"字可以是打印的、手写的，甚至还可以是网上搜出来的带"福"字的图片，只要用户想扫，在线下随时随地就能扫。而在线上，用户可以通过蚂蚁森林浇水、蚂蚁庄园喂食、与好友互换等方式获取福卡，这种线下线上相结合且操作简单的活动让更多的人参与其中，即使不熟悉手机的人也能快速参与到这个活动中。

（3）饥饿营销方式促活社交属性，吸引更多用户加入。

在集五福活动中，总有一两个福卡很难集到，这时就需要用户的好友赠送或互换福卡。甚至原本没想参加的用户，为帮助好友也可能参与进来。同时，亲朋好友聚集到一起，集五福也可以成为一个聊天的话题，拉近了彼此的距离。这就变相地免费为支付宝做了宣传推广。

（4）打造节日符号，培养消费者行为惯性。

支付宝集五福活动与春节紧密相连，从2016年到2021年，已经连续举办了6年，人们逐渐养成一个行为习惯——快到春节的时候就知道集五福活动要开始了。集五福活动已经自动地和春节联系到一起，和春联、福字、灯笼等一样，逐渐成为一种节日符号。

（5）增加品牌曝光度，与品牌合作方共赢。

在集五福活动中，收集到的福卡，用户可以刮奖，刮出来的奖就是合作品牌的优惠券、折扣券等，如图14-3所示。如果用户需要或者想要用这个奖券，就会到品牌合作方进行消费。这一措施，对品牌合作方而言，增加了品牌曝光度；对支付宝而言，吸引了众多品牌方提供赞助，增加了最终的红包金额。而红包金额越大，大众参与度就越高，活动影响力就越强，品牌曝光度也就越高，合作双方共赢。

图14-1

图14-2

图14-3

从上面的分析中可以看到支付宝集五福活动打造了一个从用户的获取、激活，直至最终转化的营销闭环。

14.2 VR营销案例：贝壳找房借助VR技术解决用户看房痛点

贝壳找房App中支持VR实景看房，其目的是让用户在线上就能获取更多的房源信息，获得更好的看房体验，更高效地找到心仪的房子，最终提高用户的转化率。下面就来看看贝壳找房是如何利用VR技术，助力营销，提升用户转化率的。

无论是购房还是租房的用户，对于他们来说核心需求就是了解房屋的情况及房屋周围的情况，如房屋的户型结构、朝向、空间尺寸，周边的生活设施等信息。信息越具体，越能促使用户做出最终购买或租赁的决定。以往用户是在线上通过文字、图文、直播等方式了解这些信息，但是文字、图文、直播等方式的缺点是用户无法体现空间感和方位感，并且了解的信息有限，最终还是需要线下实地看房。一般用户需要看几套房子并进行对比后才能做出购买或租赁的决定，这中间又得花费一定的时间成本，实现最终转化的周期就比较长。

那么如何能够针对用户痛点将房屋的实际情况客观地在线上展示，促使用户更快地做出购买或租赁的决定呢？

贝壳找房陆续推出了拥有VR看房、VR讲房、VR带看三大核心功能的VR产品——贝壳找房App，借助VR技术打破虚拟与现实的界限，给用户带来看房体验的即视感，让用户足不出户，动动手指就能找到理想的房子。

在贝壳找房App中，用户可以通过VR看房功能，在线上沉浸式查看房屋的户型、尺寸、纵深、朝向等信息。如果对房屋感兴趣，还可以在VR环境下观看预制房屋的装修设计效果，甚至还可以自己进行设计。

在VR看房过程中，如果选择VR讲房功能，就会语音讲解房屋的实际情况，包括周边配套、小区内部情况、房屋结构和交易信息等。此时如果用户有意向购买或租赁，就可以直接联系界面下方的房屋经纪人，与经纪人基于房屋情况进行线上沟通交流。

VR看房可以不受时空限制，用户可以在任何地方、任何时间打开App查看各地的房源，这为看房者提供了真正的便利。

在此过程中，用户使用VR看房或VR带看功能看过的房屋数据会保留，这些数据可以辅助房屋经纪人了解用户的意向，进而为用户提供更加精准的需求推荐，最终实现用户转化。

从表面上看，VR技术改变了房屋线上展示的方式，改变了用户看房的模式，但实际上是对选房、看房、购房（租房）等流程的优化和创新，加速了房产交易完成时间和完成率。

随着5G技术的普及，数据的传输速度会更快，实时传输将变得可行，VR/AR技术可以为产品营销实现更多的交互体验，让用户获得更佳的使用体验。如何将VR/AR技术更好地运用到产品营销中，为营销带来更多的可能性，将成为运营人需要思考的新课题。

14.3 同步强化模拟题

一、单选题

1. VR技术对选房、看房、购房（租房）等流程的（   ），加速了房产交易完成时间和完成率。

A. 可视化   B. 优化和创新   C. 简化   D. 虚拟化

2. 贝壳找房借助VR技术打破（   ）的界限，给用户带来看房体验的即视感，让用户足不出户，动动手指就能找到理想的房子。

A. 虚拟与现实   B. 流程   C. 空间   D. 时间

3. （   ）使得数据的传输速度会更快，实时传输将变得可行，VR/AR技术可以为产品营销实现更多的交互体验，让用户获得更佳的使用体验。

A. 纳米技术   B. 虚拟技术   C. 5G技术   D. 量子技术

4. 支付宝集五福活动打造了一个从用户的获取、激活，直至最终转化的（   ）。

A. 宣传广告   B. 营销利润   C. 营销闭环   D. 春节祝福

二、多选题

1. 支付宝集五福是支付宝官方推出的一款互动活动，目的是（   ）更多的用户。

A. 获取   B. 激活   C. 转化   D. 祝福

2. 支付宝集五福活动之所以会成为近乎全民皆知的AR营销活动，是因为其采用了（   ）等营销策略。

A. 借势营销，赋予活动精神与物质双重价值

B. 操作设计简单，活动参与度高

C. 饥饿营销方式促活社交属性，吸引更多用户加入

D. 打造节日符号，培养消费者行为惯性

E. 增加品牌曝光度，与品牌合作方共赢

三、判断题

1. 营销的目的是让用户了解产品，进而产生购买行为。（   ）

2. 支付宝集五福此类活动的操作设计得越复杂，用户参加的概率就越高。（   ）